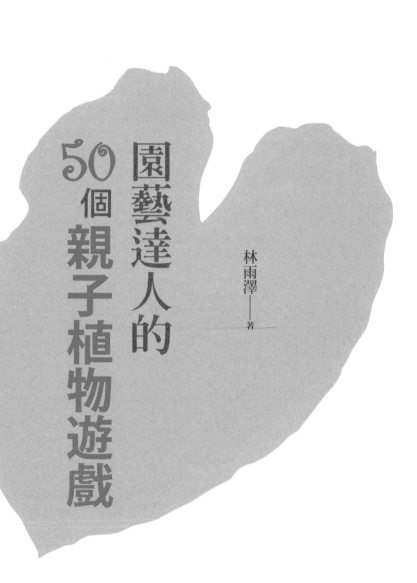

園藝達人的50個親子植物遊戲

林雨澤——著

園藝達人的50個親子植物遊戲

推薦文──洪淑青（親子作家／親子天下雜誌專欄作家）

信手拈來，花草中自有新樂趣

總是很羨慕又佩服那些可以在大自然中輕鬆找到樂趣的人，一朵小花、一枝草就可以有無限想像與創造力，信手拈來，許多遊戲就這樣衍生而出。

《園藝達人的 50 個親子植物遊戲》作者林雨澤專長於園藝，對植物的觀察細膩有情感，每一種植物似乎都能勾起一段生命中的小故事。投入這本書後，你將會發現大自然的植物原來可以這麼親近好玩，輕輕鬆鬆就能有新樂趣，而且有個老師玩家帶領，更是有不一樣的視野。

快將這本書當作是生活寶典，與孩子共同營造自然親子好關係！

從大自然找回真實快樂與親情連結

在這個 3C 橫行的時代，許多孩子陷溺其中、無法自拔，不僅自己的身心發展深受其害，親子關係也因此變得劍拔弩張或淡漠疏離。

《園藝達人的 50 個親子植物遊戲》提供了許多單純美好又容易親近的活動，讓爸爸媽媽得以在輕鬆愉快的氛圍中，帶領孩子回歸大自然的懷抱，享受親子間的情感交流。書中洋溢的「真實快樂」與「親情連結」，正是幫助孩子從螢幕黏著的狀態回神過來、重新啟動有益身心健康的生活型態最重要的兩大元素。

期待這本好書成為更多家庭的幸福媒介！

探索自然的童年最美好

還記得小時候，常拿著黏蒼蠅紙膠的竹竿躡手躡腳地在樹下捉蟬，或是吆喝一票小孩到後山祕密基地採食土芭樂和毛西番蓮，或者自己做彈弓玩射擊遊戲……這些都是五、六年級生共同的兒時回憶。隨著潮流推進、科技日新月異，現代兒童玩的是電視遊樂器和線上遊戲，也許是社會變得複雜讓人憂心，抑或城市的生活環境離自然太遠，小朋友不再像以前能在廣闊的大自然中成長，或在山野草叢間玩耍。

當我帶著兩個孩子在登山步道健行，看到有趣的生物或奇特的石頭時，總要讓他們認識一下並親身體驗大自然的趣味。但我常看到一些父母制止孩子離開人工鋪設的步道，他們認為那是危險而且不乾淨的；天下父母心，保護孩子是人的天性，但大自然並非那麼危機四伏，在父母能掌控的情況下，理應讓孩子多接觸自然。美國資深記者理查‧洛夫（Richard Louv）在《失去山林的孩子》（*Lost Child in the Woods*）一書中指出，缺少和自然互動的孩子容易注意力不集

中、憂鬱、缺乏創造力；日本幾位諾貝爾獎得主的孩提時代都是在大自然的懷抱中成長，因此對事物有求知慾、好奇心，而且積極、樂觀，進而在專長領域獲得極大成就。由此可知，少了探索自然環境的童年是十分可惜的。

生活在城市中的孩子玩的都是現成的工業化產品，雖然設計精美、選擇多樣，卻少了創意思考，你得照著說明書依指令進行。然而大自然則隨你任意玩，一根樹枝可以拿來打棒球和槌球，鋸成一塊一塊時又能玩疊疊樂，早期物資缺乏，利用大自然的產物激發了無數小孩的創造力。現代的玩具含有多少塑化劑已不是祕密，隨時盯著手機、平板玩遊戲使得眼球逐漸退化，為了讓我的一雙子女不玩那些不健康的玩具也能快樂長大，我在閒暇時經常會帶他們在公園或山野裡趴趴走。一開始他們覺得很新鮮，但如果需要走上一段不短的路程，很快便耗盡他們的好奇心和耐心，這時就得利用一些有趣的誘因，讓他們覺得大自然好好玩，一點也不無聊。由於我是個喜愛植物、也懂植物的老爸，因此植物就順理成章地成為他們的玩具，從各種遊戲中可以發現，其實植物有許多好玩的元素等著我去探索。對小朋友來說，本書所提供的植物遊戲除了娛樂之外，還有下列七大好處：

一、生命教育：在我帶小朋友採集植物時，我會讓他們知道這些植物其實大多是雜草野樹，不會有人摘回家煮湯，現在我卻把它們拔起來做玩具，於是它們就有了用處。所以它們並非一無是處，而是人們不會利用，搞不好以後我會發現手上的這一把小花蔓澤蘭或許能治療感冒。

二、認識植物：雖然許多植物可用來玩有趣的遊戲，但有些具有毒性，不能隨便碰觸。我在本書所示範的植物都是安全可使用的，如果有不認識的植物，最好還是弄清楚再使用較好。

三、激發創意：在遊戲過程中，孩子會驚呼原來植物這麼好玩。本書的遊戲只是列舉示範，事實上，同樣一個東西可以有多種不同玩法，讓孩子自己去發想，也許能發明更多有意思的玩法。

四、強健體魄：書中許多遊戲都結合了運動，例如吹箭、彈弓、標槍、跳繩……等等，都能透過遊戲鍛鍊體能。現代家長大多只在乎孩子的考試成績，戶外活動及運動幾乎被犧牲，其實足夠的戶外活動反而能刺激腦部，讓孩子均衡發展。

五、訓練美感：許多遊戲結合了美術與美勞，例如水芙蓉書法、剪葉、剝橘子，一方面能訓練巧手，另一方面還能加強美感。

六、鍛鍊大腦：其中有些遊戲的進行需要動動腦，像是葉子記憶王、葉子拼圖、五子棋等，原來訓練記憶力並不一定要花錢買器具或上補習班。

七、感覺統合的發展：感覺統合最重要的刺激來自於觸覺、前庭平衡覺、運動覺，如果孩子與外界接觸及活動量不夠，可能會造成發展失衡。因此，透過身體各部位的善加運用便能增強感覺統合的發展，而藉由取材植物的遊戲則能充分使用這些感官，例如訓練平衡感的拔河、踩高蹺等遊戲，鍛鍊協調性及身體掌控的套圈圈、釣魚等遊戲，這些都有助於增進孩子的感覺統合能力。

透過遊戲，家長往往能夠發現孩子擅長的領域以及感興趣的項目，因此，不妨讓孩子在課業之外多從事有興趣的活動，在遊戲中探索自我、盡情玩耍。同時我也希望所有大人都能從遊戲中找回曾有的童年，暫時拋開生活的煩瑣，和孩子從遊戲中親近自然、遠離3C，你會發現，身心不僅變得舒暢，甚至激發出源源不絕的創意！

【 目 錄 】

矮仙丹花手鍊

適玩年齡 　5 歲以上
訓練項目 　1. 藉由挑戰完成花圈連接，訓練 專注力 。
　　　　　2. 小花管孔細小，要成功串接需要 手眼協調力 。
　　　　　3. 藉串接花環、花圈，充分利用 手部小肌肉運動 。

在我讀小學的時候，學校操場南北兩側種了整排矮仙丹花，一朵朵花瓣呈十字形的小花簇生成半圓球狀，很受小女生的喜愛。班上幾個女同學經常下課鐘聲一響，就跑去操場邊摘矮仙丹花做成手鍊，我們幾個臭男生總愛笑她們是採花賊，甚至編了順口溜挖苦她們：「採花賊，嘸穿鞋，乎人看到做狗爬！」

那群女生當中的一個叫做小玉，長得黑黑小小，卻最愛打抱不平。她住在我們隔壁村，我和她有時會一起上下課，感情還不錯。有一天，我在操場對她們唱著順口溜，小玉突然大發雷霆，指著我大罵，我也不甘示弱地和她吵了起來，還把她好不容易串好的兩條手鍊扯斷，讓她哭著跑回教室。

這是我最後一次看到她，因為她再也沒回來上課。聽老師說是搬了家，小玉最要好的朋友在小玉沒來的幾天後告訴我，當時她的手鍊是要做給朋友送別用的，其中一條準備要給我……雖然我沒有再見過小玉，但當我帶著女兒在矮仙丹花前做手鍊時都會想起她，也想起了那段青澀的往事……

步驟（或玩法）

1 摘下數朵小花。抽出中間的花絲。

2 抽出中間的花絲。

3 將小花頭尾相接。

4 依個人喜好調整長度。

5 在手上繞個三圈更有型。長一點還可
以做成項鍊。

矮仙丹花
Ixora chinensis

(茜草科仙丹花屬)

🌸 **哪裡找？**

一般公園、校園或路邊花圃常見。

🌸 **長怎樣？**

小型灌木，株高 50~60 公分，全年開花。

葉面光滑革質對生，全緣呈倒卵形或橢圓形，深綠色。葉長 3~5 公分，寬約 1 公分。

聚繖花序由數十朵花聚生成半球狀，花色有紅、粉紅、黃、白、橙色等，

花瓣 4~5 枚。

偶爾結球形漿果。

🌸 **何時可見？**

全年開花，5~11 月為盛花期。

🌸 **其他俗名？**

仙丹花。

吹苦滇菜

適玩年齡　**2**歲以上
訓練項目　1. 訓練 肺活量 。

每年春夏，苦滇菜開完了黃花，會結成有白色冠毛的果實。成熟的果實隨風飄離植株，每個飛到異鄉的果實落地後，都會萌發成新株，就像海龜一般。海龜媽媽準備產卵時，會在沙灘上挖洞產卵，再用沙掩埋，經過近兩個月，小海龜孵化後爬出洞穴，往未知的大海匍匐前進。不論將來會遭遇怎樣的驚濤駭浪，從孵化的那一天起，牠就必須自求多福地獨立，儘管能長大的機會小於千分之一！

這樣說來，苦滇菜好命多了，風輕輕一吹，不管落到屋簷、牆角、大馬路，它都能成長茁壯。在我與孩子散步的小路上，就不只三個苦滇菜聚落。除了苦滇菜，還有蒲公英及兔兒菜等菊科植物也有具冠毛的果實，在戶外散步時，還能邊走邊吹，小朋友一玩遊戲就忘了運動的疲勞。不過可別把它往田裡吹，種田阿伯會罵人的喔！

⊙ 步驟（或玩法）

1 選定長滿白色冠毛的苦滇菜果實。

2 也可以用蒲公英或兔兒菜的果實代替。

3 摘下果實用力吹吧。

苦滇菜
Sonchus oleraceus

（菊科苦苣菜屬）

🌸 **哪裡找？**

道路邊或牆角常見。

🌸 **長怎樣？**

植株高 20~100 公分，基部葉具短柄，
上部葉具獨特的匙狀葉片，莖幹像穿
過湯匙一般。葉片不規則深裂。

花期 3~10 月，黃色花開後可結具白
色冠毛的果實，成熟果實在風中會飄
離植株。

🌸 **何時可見？**

結果期 4~11 月。

🌸 **其他俗名？**

苦菜。

小鼓手

適玩年齡　*2* 歲以上

訓練項目　1. 配合旋律敲打可訓練 節奏感 。

　　　　　2. 敲打過程中可訓練 手部小肌肉運動 。

我的小孩就讀的幼兒園離家不遠，走路只要五分鐘就到了。幼兒園外種了兩株阿勃勒，初夏時，金黃色花序成串在溫暖的風中搖擺，滿溢枝頭的花把幼兒園妝點得光彩奪目，想必在這裡上課的小朋友，在阿勃勒的陪伴下都能愉快地上學。

某個星期日我帶小孩到外頭閒晃，晃到幼兒園時，發現樹上、地上都有成熟的果實，剛好幼兒園外有一個淘汰的鞋櫃可以當成大鼓，我們一人撿兩枝阿勃勒莢果當鼓棒。我哼著他們愛聽的台客搖滾歌《世界第一等》，三人隨著節奏、拿著鼓棒對著鞋櫃亂敲亂打，雖然不會因此學會打鼓，不過打鼓的當下感覺非常愉快，似乎忘了煩惱。如果你有看到阿勃勒，一定要試一試亂打的快感……

🔜 步驟（或玩法）

1 阿勃勒的果實稍有硬度，可以當作鼓棒打鼓。

2 就讓我打一首歌給大家欣賞。

3 剛好有個不要的鞋櫃可以充當大鼓。

4 要特別注意，阿勃勒萊果別太用力敲打，果實會斷掉喔！

阿勃勒

Cassia fistula

(豆科蘇木亞科決明屬)

🌸 **哪裡找？**

公園、人行道常見。

🌸 **長怎樣？**

豆科蘇木亞科喬木，一般高度約 5~8
公尺，夏季開金黃色花。
成熟莢果呈棍棒狀咖啡色，長 30~60
公分，果實需 1 年才能成熟。

🌸 **何時可見？**

果實成熟期在夏季。

🌸 **其他俗名？**

豬腸豆、黃金雨。

幽浮銅錢草

適玩年齡　**4** 歲以上
訓練項目　1. 旋轉葉片時需運用 手部小肌肉。
　　　　　2. 拋甩的過程可訓練 手指與手腕協調性。

某天吃完晚飯後，我剛離開餐桌就停電了。電遲遲不來，一家子待在家裡什麼也不能做，乾脆到外頭散散步。到了外面才發現不只是家裡沒電，而是整個村子都沒電。我抬頭一看，哇，因為光害而好久不見的星星都回來了，孩子們興奮地大叫。

「你們知道宇宙中有多少星星嗎？」我問他們。在難得的星空下，我幫他們上了一堂天文課，孩子對於星星、黑洞、外星人、幽浮……等等感到無比好奇。他們一直問我是不是真的有外星人和幽浮。我告訴他們，宇宙的星星和海灘的砂粒一樣多，不會只有地球是有生物的，而且從古至今有許多發現外星幽浮的傳說，只是我們沒機會親眼看見罷了。

說著說著，路燈突然一個接著一個亮了起來，我摘下腳邊的銅錢草，手指掐著葉柄向前轉拋，喊著：「看！幽浮來了！」

➡ 步驟（或玩法）

1 摘取葉片，留下約 1 公分葉柄。

2 用拇指和食指捏著葉柄。

3 旋轉葉片，同時向前丟。圓形的葉子就像飛碟一般降落地面。

4 常見的雷公根也可以這樣玩。

幽浮銅錢草　031

銅錢草

Hydrocotyle verticillata

（繖形科天胡荽屬）

🌸 哪裡找？
一般公園、校園常見。

🌸 何時可見？
全年可採葉片。

🌸 長怎樣？
蔓性水生植物，莖細長匍匐於地面，
莖節明顯。
每節長一片葉，葉片圓盾形，葉柄長
約 5~20 公分，葉直徑約 2~4 公分。

🌸 其他俗名？
錢幣草、圓幣草。

蘆葦標槍

適玩年齡　**5** 歲以上

訓練項目　1. 標槍擲遠需運用 臂力與腰力 。
　　　　　2. 從製作到拋擲過程可訓練 手部與全身協調性 。

注意事項　蘆葦多生長水岸邊，採集時要注意安全。

我不是一個很有運動細胞的人，從小到大的運動會都讓我十分苦惱。賽跑時看對手一個個超越我，那種如何跑都贏不了的挫折總給我很大的失落感。個人賽時，一個人輸也就罷了，接力賽時還把隊友拚來的領先一次敗光。

即使我不擅長運動，卻對田徑賽很感興趣，尤其是標槍。男子組用的標槍重 800 克，長 2.6 公尺，舊制的標槍世界紀錄是 104.8 公尺，很難想像怎樣的體能居然能把標槍拋擲超過 100 公尺。為了體驗一下擲標槍的感覺，我在一個池塘邊拔了幾枝蘆葦充當標槍。投擲時要確保周圍淨空，前方不可有人，手握著蘆葦重心，向前仰角 30 度能擲得最遠。蘆葦愈重，愈容易擲遠，是個需要練習才能抓到訣竅的遊戲。

1 摘取約 1.2 公尺長的蘆葦莖稈。

2 摘除葉片，留下尾端未開展的葉。

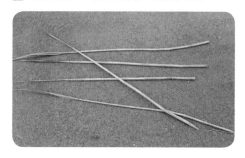

3 若找不到蘆葦，也可以用輪傘草替代，一樣將葉片剪除僅留部分。

4 尋找前方無人的空地進行擲遠比賽。
手握著蘆葦稈重心位置，向前仰角 30 度
的擲遠效果最好。

!!!

蘆葦
Phragmites communis

（禾本科蘆葦屬）

!!

🌸 **哪裡找？**

溪流邊、沼澤地、池塘外圍常見。

🌸 **長怎樣？**

禾本科大型草本植物，株高 2~4 公尺。稈徑 0.5~1.5 公分，節間和竹子一樣中空。葉片扁平呈帶狀披針形，葉長 30~60 公分、寬 1~3 公分，節下通常有白粉。

肉穗花序長約 30 公分。

漿果成熟呈金黃色。種子橢圓形，徑長約 1~1.5 公分。

🌸 **何時可見？**

全年可採。

🌸 **其他俗名？**

蘆荻。

彈弓

適玩年齡　**7** 歲以上

訓練項目　1. 彈弓製作與瞄準發射可訓練 專注力 。

2. 瞄準發射的過程需 手眼協調力 。

3. 製作過程強化 手部小肌肉運動 。

4. 重複瞄準發射動作可加強 臂力 。

彈弓是相當具有歷史的武器。古代的彈弓多作爲小型動物的狩獵之用或
近距離的兵器，但殺傷力有限；到了近代，彈弓只被當作玩具，不過打
到要害還是有一定的危險。

彈弓主要是以橡膠做彈性體，如果橡膠愈強，就需要愈大拉力，能將子
彈以更快速度拋射更遠，而子彈也是影響力量的因素。用質量和硬度較
高的石頭一定比質輕且硬度低的種子來得強，但爲了安全起見，一邊只
用一條橡皮筋即可，子彈可用酒瓶椰子果實或小紙團會更保險。

做彈弓相當容易，只要鋸一根 Y 字形的樹枝，加上幾條橡皮筋和一塊布
就成了，要注意的是：永遠不能對著別人拉弓！永遠不能對著別人拉弓！
永遠不能對著別人拉弓！（很重要，所以說三次），而且必須在空曠處
進行，避免傷到人。

➡ 步驟（或玩法）

1 取 Y 字枝條。綁橡皮筋的地方用剪定鋏剪出缺刻。

2 準備一塊長方形牛仔布，兩邊穿孔，綁上橡皮筋。其中一邊固定在一邊樹枝上。

3 另一頭抓個環，套上另一樹枝。將橡皮筋拉緊。

5 為求安全，必須在空曠無人的地方才能玩。

4 彈弓可用雙倍橡皮筋和皮革會更加耐用。子彈可用酒瓶椰子果實。

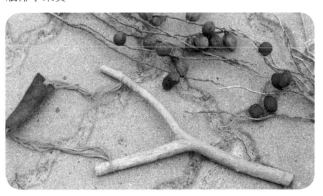

6 酒瓶椰子的果實就是天然彈藥庫。

酒瓶椰子

Hyophorbe lagenicaulis

(棕櫚科酒瓶椰子屬)

❀ **哪裡找？**

一般公園、校園常見。

❀ **長怎樣？**

常綠小喬木，單幹，地表處較細，在此以上漸次粗大，最大處直徑 38~60 公分，再往上去又漸漸變細。

羽狀複葉，全裂，小葉 40~60 對，披針形。葉柄呈紅褐色，堅硬，葉鞘圓桶狀如竹，樹皮緊被樹幹部，葉長 1~1.5 公尺。

肉穗花序長約 30 公分。

漿果成熟呈金黃色。種子橢圓形，徑長約 1~1.5 公分。

❀ **何時可見？**

結果期長達 18 個月，所以隨時都能找到果實。

適玩年齡　**6** 歲以上

訓練項目　1. 抓握與運筆過程中訓練 手部小肌肉運動 。

　　　　　2. 書寫過程可培養 書法技巧 與 文字美感 。

每個人在求學階段或多或少都接觸過書法，我則是在高中時才發現書法的美，進而看著字帖自學。一開始總是一個字一個字地練，後來發現要寫個一句甚至一篇文章更要講究章法和布局，想要寫好一幅對聯，都得經過無數次的練習。至於寫得好不好看嘛，我自認當消遣還行，上不了檯面。曾經有人花錢請我寫對聯，我心想自己功力尚淺就拒絕了，但那位大爺說是人家介紹他來的，我拗不過只好答應。過了幾天，我寫好對聯請他來拿，他看一看，露出狐疑的表情，跑到外頭打電話，進來後非常尷尬地說，人家報錯地址給他，把三段說成二段，還那麼巧和我同姓又都會寫毛筆字，只不過人家寫得好，我寫得差多了。雖然這位大爺還是付了酬金，不過邊走邊嘀咕，我想這種錯誤他肯定不會再犯！

要培養孩子寫書法，用點有趣的方式學習較容易被接受。利用在水中生長的水芙蓉根當毛筆，就能體驗非比尋常的樂趣。家裡如果有水缸還能養個幾株，要寫書法時拿來用，不用時就擺在水缸裡養著，這樣是不是很酷呢？

➡ 步驟（或玩法）

1 池塘裡常見大片的水芙蓉占滿水面，
選取根系茂盛的一株當毛筆使用。採集時
需小心安全。

2 將根部整理成毛筆狀，多餘的根用手
摘除。

3 直接在水泥地上練字，省墨水也省紙。

4 過年也能寫春聯喔！

水芙蓉
Pistia stratiotes
（天南星科大萍屬）

❀ 哪裡找？
一般公園水池、池塘常見。

❀ 長怎樣？
因葉片叢生如花朵般而得名。葉面長滿絨毛，基部的短莖著生鬚根，藉此吸取水中養分。

以走莖繁殖，每一株水芙蓉會增生數枝走莖，走莖末端會長出另一株小水芙蓉。生長力強，會占去大部分的水面，妨礙其他生物的生長。

❀ 何時可見？
全年可見。

❀ 其他俗名？
大萍。

適玩年齡　　*2* 歲以上

訓練項目　　1. 轉動過程可訓練 手部小肌肉運動 。

　　　　　　2. 搭配情境可做 想像力 練習。

為了寫報社的園藝專欄，有時我得揹著相機上山下海。孩子如果有興致，我也帶著他們一起走。有一回走到村裡一個池塘，池塘裡長滿了香蒲。這種暱稱「水蠟燭」的植物有著一串串咖啡色果序，與其說像水中的蠟燭，倒不如說是香腸用竹籤串著還更貼切。

現在的小孩絕對想不到以前的人就是用這個「香腸」當蚊香。記得我十一歲那年，就看過我哥哥用火柴點了兩根水蠟燭，插在門口土牆上的縫隙裡驅蚊。當時我也想自己試試，就跑到池塘邊割了兩、三根乾燥的果序，用掉一整盒火柴卻怎麼也點不著。算了，先藏在床底下，去找同學玩。不知道玩了多久，想說該回家了，一到家門就嗅到好濃的煙味。門一打開我就傻了，一屋子煙霧瀰漫，原來那水蠟燭其實點著了，只是看不見火，用很緩慢的速度延燒。幸好當時沒人在家，也沒把房子燒了。後來，我只准孩子拿水蠟燭玩烤香腸遊戲，就是怕他們把房子燒了……

➡ 步驟（或玩法）

1 連同莖稈剪下數枝如香腸般的香蒲。

2 網狀水溝蓋剛好可以當烤肉架，將香蒲鋪放在網架上。假裝香腸攤老闆開始烤香腸囉。

3 來試試味道吧！

香蒲
Typha orientalis
（香蒲科香蒲屬）

🌸 **哪裡找？**

一般公園水池、校園或池塘常見。

🌸 **長怎樣？**

株高 80~150 公分，葉片扁平線形。
地上莖圓柱形，地下莖匍匐土中。
夏至秋季開花，花爲穗狀花序頂生。
瘦果細小具長毛，聚集成香腸狀。

🌸 **何時可見？**

夏至冬季果熟時可見。

🌸 **其他俗名？**

水蠟燭、蒲草。

木槍追逐戰

適玩年齡	**3** 歲以上
訓練項目	1. 躲藏過程可訓練 觀察力。
	2. 追逐過程可鍛鍊 體力。
	3. 角色扮演時可培養 想像力。
注意事項	1. 木槍製作需使用到鋸子，請由成人操作。

幼兒園的上課內容都和生活相關，比如說認識水果、交通號誌或介紹各種職業等等。每當介紹到警察這個行業時，兒子最高興了。他就是喜歡這種伸張正義、維護和平的情節。

有一回，我們還真的當了正義使者。記得那是晚上九點吧，我們在路上看到四輛滿載的砂石車往山上開，那條山路的盡頭是砂石車維修廠，所以路上的砂石車從來不曾載貨，而且晚上才上去，實在很可疑。不久前才聽說有偷倒有毒廢棄物的消息，該不會正好被我們遇到吧？我們開車跟在後頭，砂石車正排隊等著要開進一條小路。我們當然沒有直接去問他們是否要來偷倒廢棄物，報警才是明智的做法。正這麼想時，就看到一輛警車往山上開，看來有人早我們一步報案了。正義使者其實無所不在呢！

要讓孩子們玩警察捉小偷的遊戲，槍是必要條件。可以選用平地及低海拔地區常見的黃荊枝條製作成木槍。遊戲時找一個可以安全跑跳的地方，讓孩子猜拳決定扮演警察或歹徒，接下來的警匪追逐過程，就讓孩子自由發揮吧！

➡ 步驟（或玩法）

1 選擇呈 Y 字形的枝條，樹枝直徑以不超過 5 公分為宜，太大不好抓。

2 將樹枝分叉處以鋸子鋸下成手槍狀。

3 兩人對戰時可一人演歹徒、一人演警察。

4 歹徒和警察各自找掩護，找機會射擊。

黃荊

Vitex negundo

（馬鞭草科牡荊屬）

❀ **哪裡找？**

平地及低海拔山區。

❀ **長怎樣？**

半落葉性灌木，株高可達 4 公尺。
掌狀複葉，小葉 3 或 5 枚，呈披針狀，
葉背有白色絨毛，搓揉後有香氣。
夏季開淡紫色唇形花，小花密生呈圓
錐狀花序。
核果呈小圓球狀。

❀ **何時可見？**

全年。

❀ **其他俗名？**

埔姜。

吹箭

適玩年齡　**5** 歲以上

訓練項目　1. 製作過程可訓練 專注力 。
　　　　　2. 吹箭動作可訓練 肺活量 。

吹箭具有悠久的歷史，是方便攜帶的短距離管狀武器，其原理是在一個細管中放入毒箭，用嘴吹氣讓毒箭射向目標，可用來狩獵或暗殺敵人，在日本的忍者及中南美亞馬遜雨林的原住民使用最多。直到現在，美洲原住民還在使用。

使用吹箭除了需要有力的肺部，還有箭頭要塗上毒液，毒液來自箭毒蛙皮膚分泌的毒液或有毒植物如箭毒木的汁液。這些劇烈毒素可以在刺入皮膚後引起肌肉鬆弛，使獵物無力逃脫甚至致命。但是若沒有毒液塗在箭頭，吹箭便不具殺傷力。

我們雖然不必狩獵，卻也可以自己做吹箭來訓練肺活量。用常見的月桃葉做成箭筒，再用孟仁草的花做箭，另外還可以用血桐或構樹的葉子當箭靶，在短距離內吹箭就可輕易射穿葉子，超酷的！

1 準備一些月桃葉和孟仁草花。月桃可選用較長的老葉。孟仁草採摘時，可從花莖下有節處折斷。

2 將葉尾反折做接口處。

3 葉正面（深色）在內，將葉子捲成口徑約1公分的管狀箭筒。

4 用一根孟仁草莖綁住月桃葉箭筒，不可綁太緊以免擠壓變形。

5 接著以孟仁草花做箭，將孟仁草花穗掐掉一半以減輕重量，並減少在箭筒內的摩擦阻力，可增加飛行距離及力道。

6 將孟仁草塞入箭管中。

7 輕含箭筒用力吹氣。

8 取一片血桐葉用粉筆畫標靶，看誰射得準。

孟仁草
Chloris barbata

（禾本科虎尾草屬）

🌸 **哪裡找？**

路邊、牆角、野地常見野草。

🌸 **長怎樣？**

株高約 30~40 公分。

葉線形，4~20 公分，穗狀花序紅色，

看起來像紅色拂塵，又名紅拂草。

🌸 **何時可見？**

全年開花。

🌸 **其他俗名？**

紅拂草。

弓箭手

適玩年齡　**7** 歲以上
訓練項目　1. 製作弓箭過程可鍛鍊 手部小肌肉運動 。
　　　　　2. 瞄準射擊時需有 專注力 。
　　　　　3. 拉弓動作可訓練 臂力 。
注意事項　1. 射箭活動需選擇空曠且前方無人的場地進行。

射箭起源自石器時代。當時我們的祖先發明了弓箭用來狩獵及防衛，到了春秋時代，孔子還將射箭和禮、樂、御、書、數並列為君子必備的技能。當時有一位神射手名叫養由基，有一天，他與名叫潘虎的勇士比試射箭，潘虎一連三箭都射中五十步外木靶上的紅心，但養由基覺得距離太近沒意思，手指向百步外的楊柳樹，叫人在一片葉子上畫紅點。養由基一箭射中紅點，潘虎不信他每一箭都這麼準，就親自走到柳樹前，在三片柳葉上做編號讓養由基依序射擊。養由基上前看看柳葉，再走到百步以外，箭一上弦，咻、咻、咻三箭依序命中，讓圍觀群眾驚呼不已。這就是成語「百步穿楊」的由來。

現代已經很少人把射箭當成休閒嗜好，只剩下運動場上的比試。其實射箭是一項好運動，可以訓練臂力、專注力。在每一箭要放之前必須穩穩地拉弓，還要判斷天候、風向，精神專注在目標物上。看似簡單的射箭，其實很不簡單。小朋友的弓箭可以用竹子製作，拿紙箱做靶。遊戲時必須有大人陪同以策安全，而且箭頭不可對著人喔！

➡ 步驟（或玩法）

1 準備竹稈和繩子做弓。竹稈直徑約 1 公分粗。

2 在竹稈兩端的節上綁上繩子，使竹稈彎成弧形。

3 剪幾枝細竹稈做箭，做箭的竹稈必須夠直，才能筆直射出。可用膠帶在箭尾做羽毛，使箭能穩定地飛行。

4 弓箭準備完畢，可以開始射擊練習了。

5 愛神之箭要射向誰呢？

!!!

長枝竹
Bambusa dolichoclada

(禾本科蓬萊竹屬)

!!!

🌸 **哪裡找？**

一般農村、田野常見。

🌸 **何時可見？**

全年。

🌸 **長怎樣？**

普遍生長於低海拔地區，爲叢生型的竹類。

竹稈高度可達 6~20 公尺，直徑 4~10 公分，節間間距長 20~60 公分，分枝簇生於節上。綠色幼稈表面披覆著白粉末。

竹葉約 2~4 片簇生。

🌸 **其他俗名？**

長枝仔、桶仔竹。

葉子發射

適玩年齡 *3* 歲以上

訓練項目 1. 撕開葉片的動作可鍛鍊 手部小肌肉運動 。

2. 發射動作可訓練 手腕與手臂的力量及靈敏度 。

台灣海棗是棕櫚科植物，原產於台灣海岸及丘陵地。以前的人會用它的
葉子製作掃帚，我有一位姑丈就曾以製作台灣海棗掃把為業。台灣海棗
其實還是台灣植物界的老前輩呢，它和台東蘇鐵、台灣穗花杉及台灣油
杉並稱為台灣四大奇木，都是經歷過數百萬年冰河時期的考驗而成為孑
遺植物，林務局在台東縣海端鄉還設了一個關山台灣海棗自然保護區，
可見其重要程度。

以前的人除了用它的葉子製作掃帚之外，也會採食嫩葉及成熟果實。它
那一片片的小葉則可以摘下來做葉子飛鏢，不需要其他工具就可以隨手
玩。除了台灣海棗，作為行道樹的野海棗也可以這樣玩喔。

1 將台灣海棗的小葉摘下或剪下。葉片選擇的原則是堅硬而完整不分叉。自葉基處撕裂一小片。

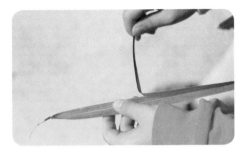

2 用一手食指和中指夾住小裂片，手掌心朝下，葉基向前。

3 另一隻手用力拉小裂片，讓葉子射飛出去。

台灣海棗

Phoenix hanceana

（棕櫚科海棗屬）

🌸 **哪裡找？**

一般公園、沿海山區、海岸丘陵。

🌸 **長怎樣？**

常綠喬木，莖高約 6~8 公尺，常見株高約 1~2 公尺。單幹直立，直徑可達 30 公分，莖幹有鱗片狀葉痕。

羽狀複葉，小葉線形，先端尖銳，長約 20~40 公分，小葉左右對稱成 90 度夾角。

花黃色，花期約 3~6 月。果實為長橢圓形漿果，初為橙色，成熟後轉黑，可食。

🌸 **何時可見？**

全年。

🌸 **其他俗名？**

桄榔、糠榔。

適玩年齡 *2* 歲以上

訓練項目 1. 編整花冠可訓練 手部小肌肉運動 。

2. 增加 美感 訓練。

時光荏苒，似乎再過不久，我親愛的女兒就要嫁人了。我第一次將她捧在手心、看著她的小臉、聽著她的呼吸聲，彷彿是昨天的事。如今她已亭亭玉立，正值花漾年華，讓我不禁想起以前扶著她的小手牽她走路，帶著她在野外學習課本上沒有的智慧，陪著她閱讀書海裡如宇宙般浩瀚的知識。

親愛的女兒啊，你的快樂總有我分享，你的悲傷總有我分擔。我知道總會到你披上白紗、戴上花冠的那一天，而這是你所期盼的幸福，但我想我還是無法忍著不流淚吧。

老婆對我說：「她才小一耶！你會不會想太多了？」我說這叫作未雨綢繆，還不是因為我做了珊瑚藤花冠送她，她一戴上花冠，看起來成熟得像大人一樣，這才讓我不自覺感嘆了起來啊！

➡ 步驟（或玩法）

1 用剪刀剪下一段珊瑚藤花。

2 摘除葉片，留下尾端未開展的葉。

3 戴上頭冠，小女孩彷彿長大了。

珊瑚藤

Antigonon leptopus

（蓼科珊瑚藤屬）

||||||||||||||||||||||||||||||||||||||||||||||||||||||||||||||||||||||||

🌸 **哪裡找？**

一般公園、校園常見。

🌸 **長怎樣？**

藤本植物，莖先端呈捲鬚狀，葉片為
卵狀心形，葉面粗糙紙質。
花期春末至夏季，圓錐狀總狀花序，
花瓣狀的苞片呈粉紅色及白色，在綠
葉的襯托下十分耀眼，有「藤蔓花后」
的稱號。

🌸 **何時可見？**

春至夏。

🌸 **其他俗名？**

旭日藤。

葉子拓印

適玩年齡　**3** 歲以上

訓練項目　1. 壓印操作中可訓練 手部小肌肉運動。
　　　　　2. 整體創作過程可培養 創意 與 美感。

還記得八年前的四月十四日下午六點，懷孕九個月的太太羊水破了，我趕緊開車送她去醫院。進了產房，一等就是十八個鐘頭。原本準備自然產，但因為胎位不正，不得不剖腹。太太被送進了手術室，我在外面焦急等待。感謝醫師精湛的醫術，不一會兒，護理師就抱著剛降臨人間的女兒出來。看著她小小身體被緊緊包裹著，粉紅細嫩的臉正睡著呢。她隨即被帶到嬰兒房，我則辦了一些已記不得是什麼的手續，然後用女兒的小手掌、小腳丫在寶寶手冊上蓋印，這是寶貝女兒的第一個拓印！

拓印是個容易操作的藝術。除了一出生就馬上蓋下的第一個手印或腳印，許多喜歡釣魚的朋友在也會在釣到大魚時做魚拓來紀念。將形狀多變的葉子拿來做葉拓，也可以非常美麗。除了可以用水彩上色後印在紙上，如果使用壓克力顏料或特殊塗料，還可以創作出專屬個人的衣物或袋子等藝術品喔！

➡ 步驟（或玩法）

1 摘下短角苦瓜漂亮的掌狀葉。

2 用畫筆將葉面均勻地塗上顏料。

3 塗刷的速度要快，才不會乾掉。

4 用手指將葉面按壓在紙上。

5 輕輕拿起葉片，簡單又美麗的拓印就完成了。也可以用不同的葉片試試拓印效果喔。

葉子拓印　　071

短角苦瓜
Momotdica charantia

(葫蘆科苦瓜屬)

❀ **哪裡找？**
中南部平地及低海拔山區常見。

❀ **何時可見？**
全年。

❀ **長怎樣？**
短角苦瓜是蔓性草本植物。
掌狀葉片，春至夏季開淡黃色花。
果實像橄欖形狀，約 4~8 公分大小，
未熟果爲深綠色，成熟後轉成橙色。

❀ **其他俗名？**
野苦瓜、山苦瓜。

山茉莉樹葉面具

適玩年齡　*2* 歲以上

訓練項目　1. 挖洞過程可訓練 手部小肌肉運動 。

幼兒在一歲的時候，就開始有自己的個性和情緒表現，特別是生氣的反應。我曾看過小孩一生氣就在地上打滾，還用頭去撞牆壁，或丟東西、吐口水和咬人洩憤。這孩子不是別人，就是小犬。他無厘頭的反應曾讓我不知所措或捧腹大笑，當他慢慢長大，開始了解不能去傷害自己或別人，但還是免不了會生氣。每次看他生氣時凶猛的眼睛和噘成章魚的小嘴，實在很好笑。我告訴他，如果一直這樣，臉會變不回來喔！

有一天，我和一雙兒女在外頭撿些美勞用的樹枝，兩個小朋友又為了爭樹枝而吵架。我說我又看到兩隻章魚了，如果被賣魚的人看到會被捉去賣。我摘了兩片山茉莉葉，挖洞做成葉子面具，讓他們把臉遮住。他們趕緊遮住臉不讓賣魚的人看到，但兩人一看到彼此的面具都忍不住笑出來，剛剛的爭吵早就忘得一乾二淨了。

1 摘下比臉大的山茉莉葉。

2 在眼睛和嘴巴的位置挖出三個孔洞。

3 樹葉面具完成囉。

4 也可以用構樹代替，效果也不錯！

山茉莉

Clerodendrum bungei

(馬鞭草科海州常山屬)

🌸 **哪裡找？**
鄉間路邊。

🌸 **長怎樣？**
常綠灌木，高度可達 2 公尺。
葉呈卵圓形，葉長約 20 公分，葉緣
全緣或波齒狀。
春季開白色重瓣花，有淡淡香氣。

🌸 **何時可見？**
全年可見。

🌸 **其他俗名？**
臭茉莉。

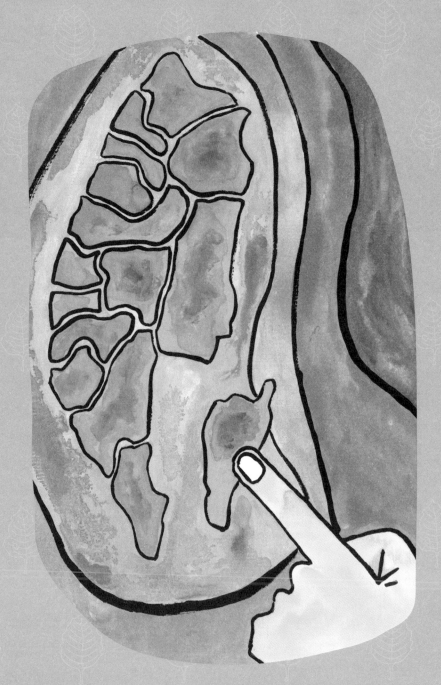

撕葉拼圖

適玩年齡　*2* 歲以上

訓練項目　1. 拼圖過程可培養 邏輯思考力 。

2. 撕拼的步驟可訓練 手部小肌肉運動 。

3. 完成拼圖需具備 專注力 與 耐心 。

隔壁鄰居送給我家小朋友一盒拼圖，上面的圖案是那個經常說要代替月亮懲罰你的月光仙子。拼圖總共有兩百片，給小孩玩有一點難度，還得我和他們一起才能完成吧！為了一氣呵成完成拼圖，我特別安排一個空閒的週日上午進行，還在客廳地板上清出一大塊面積放拼圖。一開始，兩個孩子還饒富興致地找拼圖，但對於這種需要消耗大量腦細胞及時間的遊戲，他們的耐心很有限，最後還是只有我一個人拼。拼到第一百九十八片，月光仙子那水汪汪的大眼睛居然少了兩片，我把家都翻遍了就是找不到，徒留她空洞洞的眼窩。這幅未完待續的拼圖就擺在玄關靠牆站，我決定等哪天找到眼睛再把她掛起來。兩個月過去了，眼睛還沒找到，倒是老婆說天天進出門都會看到那空洞的眼睛，怪嚇人的，最後只好把拼圖丟了。

我想，小孩沒耐心完成拼圖，就是因為太難、片數太多。如果拼圖的片數可以自己決定，豈不是太棒了？葉子是很好的材料，到處可見的野莧菜葉片就很適合，看是要撕成兩片、四片、八片都可以。功力進步後，還可用多片葉子或不同種植物的葉片混合拼，更具挑戰性。

🔴 步驟（或玩法）

1 摘下野莧菜的葉片。功力強的可以多
準備幾片。

3 邏輯強的人可以撕得更碎或一次多撕
幾片，全都撕碎之後再混合一起，以增加
難度。

5 拼圖完成。

2 把一片葉子撕成數小片。

4 開始拼囉。

野莧菜

Amaranthus viridis

（莧科莧屬）

🌸 **哪裡找？**

一般公園、校園或路邊花圃常見。

🌸 **何時可見？**

全年。

🌸 **長怎樣？**

普遍分布全台低海拔的野草，株高約
50~80 公分。全株光滑多分枝。
葉片呈卵形，葉柄爲綠色或紫紅色，
嫩葉可食用。
圓錐花序頂生，全年皆可開花。

🌸 **其他俗名？**

豬莧、山莕菜。

夾種子

適玩年齡　**2** 歲以上

訓練項目　1. 夾種子動作可訓練 手部小肌肉運動 。
　　　　　2. 比賽過程需具備 專注力 。

女兒在兩歲時就學會用筷子吃飯，可惜上了幼兒園後，學校規定不能用筷子，只能用湯匙，不久居然忘了如何拿筷子。中國人使用筷子的歷史已有四千年，用筷子吃飯是重要的飲食文化，怎麼可以不會呢？為了訓練他們，我規定他們吃飯時只能用筷子，不能用湯匙。一開始他們要夾些豆乾、蔬菜倒還夾得起，輪到夾香腸或貢丸時就掉到地上。雖然洗一洗還是可以吃，但我想這樣老掉食物也不是辦法，應該先練習夾些不能吃的東西，就算掉到地上也不必在意。

剛好附近登山步道的烏桕果實成熟了，露出一顆顆如大白米飯的種子。我想這再適合不過了，只要練到輕易夾起種子，筷子功就算練成了。為了增加趣味性，還可以多蒐集一些種子來一場比賽唷！

⮞ 步驟（或玩法）

1 準備好碗筷，並多蒐集一些烏桕種子
（白色種子）。另外也可以採集苦楝果實
（黃橙色果實），效果也不錯。

2 夾起種子，假裝開動囉。

3 夾種子比賽，看誰夾得多。

烏桕

Sapium sebiferum

（大戟科烏桕屬）

🌸 **哪裡找？**

一般公園、校園或行道樹常見。

🌸 **長怎樣？**

落葉喬木，分布於平地及低海拔山區，株高可達 15 公尺。

莖幹有不規則深縱裂紋。葉互生，菱形或菱狀卵形，秋冬時葉色轉紅，為台灣少見的紅葉植物。

花期 5~6 月，花綠色。之後結蒴果，果實內包覆一層白蠟的種子，種子約有米粒的十倍大。

🌸 **何時可見？**

果實 9~11 月成熟。

🌸 **其他俗名？**

瓊仔樹。

棍棒椰子的異想世界

適玩年齡　**5** 歲以上

訓練項目　1. 可訓練 創造力 與 想像力 。
　　　　　2. 遊戲過程可練習 手部小肌肉運動 。

注意事項　乾燥苞鞘堅硬且末端尖，不適合年紀較小的孩子
　　　　　遊戲。遊戲時請成人協助注意孩子安全，並提醒
　　　　　需注意勿揮打傷人。

在我住家北邊兩公里處有個小公園，稱作拍瀑拉公園，我常帶著兒子、女兒去公園玩。女兒問我：「為什麼叫拍瀑拉？」我還真沒想過這個問題，上網一查才發現，原來拍瀑拉族是台灣平地原住民平埔族中的一族，而拍瀑拉公園所在的水裡社，正是拍瀑拉族的根據地之一。後來拍瀑拉族被荷蘭及清廷驅趕，漸漸遷移至埔里。

話說拍瀑拉公園草地外圍有一排棍棒椰子，椰子樹掉下一些花序的苞鞘，苞鞘是保護花序的外殼，苞鞘一層層包在花序外，花序逐漸長大，苞鞘會一層層脫落直到花序成熟展開。脫落的苞鞘由綠色漸漸乾燥成棕色，由柔軟轉為堅硬。短苞鞘看起來像兔子耳朵，中苞鞘像彎刀，長苞鞘則像劍。可以讓孩子自由發揮想像力並創造新玩法，但遊戲過程中要特別注意安全喔。

● 步驟（或玩法）

1 選擇棍棒椰子脫落的花序苞鞘。通常一個花序有數個大小的苞鞘，可多蒐集幾個。

2 短苞鞘可以當兔耳朵。

3 中苞鞘當雙刀。

4 單個長苞鞘就像劍。用稍具硬度的苞鞘打壞蛋，肯定讓他哇哇叫！

棍棒椰子的異想世界 087

棍棒椰子
Hyophorbe verschaffeltii

（棕櫚科酒瓶椰子屬）

🌸 **哪裡找？**

一般公園、校園或行道樹常見。

🌸 **長怎樣？**

常見觀賞椰子，高約 5~9 公尺，單幹直立。

莖基部較細，上部略大，像一根大木棒。幹上環紋明顯。

葉長約 2 公尺，羽狀複葉。

花期 6~8 月，花序長 40~50 公分。

果實為漿果，長橢圓形，熟時紫褐至黑色。

🌸 **何時可見？**

苞鞘於花期 6~8 月可見。

愛的花束

適玩年齡　**5** 歲以上

訓練項目　1. 可訓練 專注力 與 美感 。

2. 綁花束過程可練習 手部小肌肉運動 。

高中時期，我有個鄰居也是國小同班同學，她長得眉清目秀、身材高挑還會彈鋼琴，但功課不大好，我想趁機接近她，於是主動說要教她數學。之後幾個月的晚上，我都窩在房間黑暗角落跟她講電話。不久，我考到機車駕照就載她去兜風。到了海邊，聽海浪聲，吹著海風，並肩坐著聊天。我送她一朵玫瑰，一種情愫在我們之間萌芽（我這麼想）。我鼓起勇氣告白，告訴她我沒見到她時是如何思念她。她聽完後，有好長時間沒有出聲，接著從皮夾裡拿出她的女朋友的相片給我看，並說我是個好人。第一次告白宣告失敗，之後的十年又有好幾個女生說我是好人……

當然也是有告白成功的時候。我發現送花之後的告白比較容易打動芳心，因為女生看到花就會心花怒放。送花也不只是男女之間傳遞戀愛訊息的工具，更可以是女兒送給爸爸、孫子送給阿嬤來表達親情。送禮的花束當然可以自己動手做。剪幾枝庭園裡開得熱鬧的翠蘆莉，搭配黃鐘花、龍血樹、牽牛花，就能做成傳遞情感的花束。

1 準備好翠蘆莉或黃鐘花等鮮花數枝。
花材的選擇以具有長花莖的花為主。

2 把中間的花莖整束抓握手上。

3 外側加上其他花莖，慢慢一枝一枝往
外圍加。花量可以依自己喜好而定。

5 花束完成！

4 花都擺好位置後，用藤蔓植物纏繞固
定花束，務必緊密纏繞，才不會讓花束鬆
散。纏繞用藤蔓可選擇牽牛花或雞屎藤等
植物。

翠蘆莉
Ruellia brittoniana

（爵床科蘆莉草屬）

🌸 哪裡找？
一般公園、校園或行道樹常見。

🌸 長怎樣？
草本植物，株高 50~100 公分。
葉對生，狹披針形，長 8~15 公分，
寬約 1 公分，先端漸尖。
花冠為喇叭形，筒長約 5 公分，花期
春至秋季，花色除常見的藍紫色外，
也有粉紅色及白色花。每朵花早晨開
放，向晚即凋謝，壽命僅有 1 天。

🌸 何時可見？
花期春至秋季，夏季開花最盛。

🌸 其他俗名？
蘆莉草。

適玩年齡　**3** 歲以上

訓練項目　1. 藉由包捲與綑綁的動作，可訓練 手部小肌肉運動 。
　　　　　2. 完成品的呈現需要 美感 。

花草樹木都需要修剪，但修剪不只是像理髮那樣為了好看才剪，而是透過修剪來控制植物的生長方向、增加分枝，讓植物長得更茂盛。一般而言，冬至初春是最適合修剪的季節，因為一修剪完畢就進入生長期，很快便能再萌新芽、發新枝，而剪下的枝葉如果不做扦插繁殖，就只能作為堆肥了。

我剪下了一堆小山丘似的枝葉，裡頭有黃金葛、木槿、牽牛花、九重葛……等等。小朋友像尋寶般的翻弄著小山丘，說要做花捲料理，於是將黃金葛的葉子一片片摘下，用葉片包捲花朵，然後再用牽牛花藤蔓固定住，只見一個個花捲包得整整齊齊，內餡材料有各式花朵。小廚師還說，包覆在外的葉片以手掌大小最佳，太大不好看，太小也不好包。瞧，是不是很秀色可餐呢？

⊃ 步驟（或玩法）

1 準備各種花朵和葉片，葉片以手掌大小為佳。

2 將花朵放在置葉片中間，然後以葉片捲起花。

3 包捲完成後以細長型的葉片固定住。

4 花捲完成。

5 準備上菜。

花捲料理上桌   095

黃金葛
Epipremnum aureum
（天南星科麒麟葉屬）

🌸 **哪裡找？**
一般公園、校園常見。

🌸 **長怎樣？**
多年生草本蔓性植物。
葉呈心形，有乳黃色斑點，光線愈強，
黃斑愈明顯，是十分常見的觀葉室內
植物。

🌸 **何時可見？**
全年。

🌸 **其他俗名？**
黃金藤。

小掃把

適玩年齡　**2**歲以上
訓練項目　1. 訓練 手部小肌肉運動 。

戰國時代著名哲學家莊子在其著作《莊子‧人間世》中有個故事「無用的樗樹」，惠施對莊子說：「我有一棵大樹，樹名叫樗。它的主幹長了很多樹瘤，樹枝扭曲，完全不合乎繩墨規矩。雖然它長在路邊，但從來沒有木匠去理會它。」莊子說：「你擔心這棵大樹毫而用途，不如把它種在空無的郊外、廣闊無邊際的田野，你就可以悠閒地在樹下休息，悠然自得。大樹不會遭到刀斧砍伐，也不會妨礙他人，雖然看起來沒有用處，又有什麼好操心呢？」

莊子所說的即是「無用之用」，對樹而言，正因為它不能為人所用，所以才能自在地活著，而這正是樗樹最大的用處。牛筋草也是一樣，它對人類毫無功用，不過就是平淡無奇的雜草，自然不會有人理它，我卻找到它的一點點用處。它開花的時候，我把花序用力拔起來，拔出約莫20~30枝，接著用其中一枝把其他的花序綁成一束，就變成一支小掃把，可以給小朋友玩了。原本是無用的東西，換個角度卻變得有用；有用與無用只是看法的問題。

➡ 步驟（或玩法）

1 準備幾枝牛筋草花。

2 用一枝花梗綁住其他花梗，使其成為一束。

3 今天的掃地工作就由我來搞定。

4 酒瓶椰子的花序也是做掃把的極佳材料喔，既好用又省事。

|||||||||||||||||||||||||||||||||||||||||||||||||||||||

牛筋草
Eleusine indica

（禾本科穆子屬）

|||||||||||||||||||||||||||||||||||||||||||||||||||||||

🌸 **哪裡找？**

一般公園、校園或路邊常見。

🌸 **長怎樣？**

台灣常見野草，屬禾本科，莖稈叢生，
葉片呈線形，長度約 15~20 公分，夏
秋開花。

全株纖維非常強韌，用人力很難拔
除，不過我們做小掃把所使用的花算
是容易拔的，只要蒐集一把牛筋草
花，就能做成小掃把了。

🌸 **何時可見？**

夏至秋。

🌸 **其他俗名？**

牛頓草。

柚子俄羅斯輪盤

適玩年齡　**3** 歲以上

訓練項目　1. 考驗 運氣 ，同時需要 體能 。

據說，俄羅斯輪盤源自俄羅斯監獄，獄卒以囚犯性命為賭注，在左輪手槍裡裝入一顆槍子，快速旋轉後關上轉輪，強迫囚犯對自己開一槍，直到有人中槍或投降才結束，是一種以性命做賭注的玩命遊戲。

這麼刺激的遊戲也可在中秋節烤肉的剝柚子時間玩上幾回。首先以柚子果蒂為輪盤軸心，將柚子皮以五角星形剝下，每個角都做上記號，一個記號約定一種處罰，可以是青蛙跳、伏地挺身、正拳十下、仰臥起坐、原地轉十圈……，每次選定一種處罰。參加者圍成圈圈，以柚子為圓心開始旋轉柚子皮，當記號指向誰的時候，那個人就得執行處罰項目。

不必賭上性命，只需賭上體力，這個遊戲特別適合中秋節團圓時的消遣，是十分歡樂的遊戲。

1 準備好文旦和水果刀。

2 大人用水果刀在柚子上劃 10 刀，使成五角星形狀。

3 用奇異筆在五個角都寫上記號，每個記號都代表不同的運動，一次指定一項運動。

4 準備開始轉囉！

5 當柚子皮停下，記號指向誰就得接受處罰了。

!!

柚子
Citrus maxima

（芸香科柑橘屬）

!!!

🌸 **哪裡找？**

菜市場。

🌸 **其他俗名？**

文旦。

🌸 **長怎樣？**

常綠喬木，柚葉多爲長橢圓形。
果實呈葫蘆形或梨形，果皮大多爲黃
色有凹點，果皮與果肉之間有海棉
層，果肉以白色最常見。

🌸 **何時可見？**

秋季。

樹枝拼畫

yzl

適玩年齡 *2* 歲以上

訓練項目 1. 透過拼圖過程，可培養 美感 與 創意。

2. 抓握動作可訓練 小肌肉運動。

位於台中市南屯區的文心森林公園雖然腹地不大，但整體規劃很不錯，裡面有單車道、兒童遊憩區、溜冰場，而且樹木扶疏，是台中市的小綠肺，很適合小朋友玩耍與家族野餐。

我經常帶孩子們到樹下野餐，吃飽了便帶他們在公園裡散步。某個初秋晴天，我們正在公園裡吃便當，小朋友等不及想去放風箏，我看日頭還大著，便要他們再等一會兒，不過小孩子想玩的時候是不怕熱的。這時，我看到地上的檸檬桉枯枝，靈光一閃想到一個緩兵之計，順手蒐集了一些枯枝，用手折成小段就能排圖案，不管是挖土機、恐龍或房子，只要想得到的東西都能排成。

他們看到枝條原來也能這樣玩，都很感興趣地湊過來玩。看情形，只需要一把樹枝就可以玩上好一陣子了。

1 蒐集一些枯枝。

2 將枯枝折成一段段，但要小心木頭岔出的纖維。

3 以樹枝代替筆，在地上憑想像力隨意拼出圖形。

4 不僅可以蓋房子、建寺廟，還可以拼出兒子最愛的暴龍。

檸檬桉

Eucalyptus citriodora

（桃金孃科桉樹屬）

❀ 哪裡找？

一般公園、校園或路邊花圃常見。

❀ 長怎樣？

常綠喬木，高度可達 20 公尺。
樹皮光滑呈灰褐色，主幹通直。樹皮會以片狀脫落。
枝葉多集中在頂部，葉線狀披針形，搓揉之後會散發出檸檬香氣，可提煉精油。

❀ 何時可見？

全年。

❀ 其他俗名？

猴不爬。

竹竿釣魚

適玩年齡 **3** 歲以上
訓練項目 1. 藉由彎折與綑綁，可訓練 手部小肌肉 。
2. 釣魚動作需要 手眼協調 與 專注力 。

父親年輕的時候很喜歡釣魚，也常帶我一起去，有時到海岸邊，有時去魚塭。記得有一次去釣虱目魚，那裡的魚不曉得有多久沒吃飯了，勾著半尾蚯蚓的魚鉤都還沒有碰到水面，整群的虱目魚就一擁而上，可見牠們真是餓得發狂了。後來就算沒用魚餌，才放下魚鉤，魚一看到水面有動靜，二話不說張嘴就吃，也不管吃下肚裡的是不是食物。

現代的漁具都是工業製造的產品，而在此之前的釣竿都是竹竿做的，質輕又富有彈性，要釣一條十斤以下的魚都可從容應付。釣竿很容易做，要找魚來釣卻很困難，現在想在住家附近找一條小溪來釣魚，可以發現魚早就不住在溪裡了。

既然沒魚可釣，那就來釣鞋子吧。只要將鐵絲折成鉤狀，再用細繩綁上竹竿和鐵鉤就是一根釣竿了。沒有魚，就用鞋來代替，反正好久沒有光著腳丫了，把鞋子當魚來釣，又有何不可呢？

🡒 步驟（或玩法）

1 準備兩枝長約 60~80 公分的竹竿以及 80~100 公分的線。

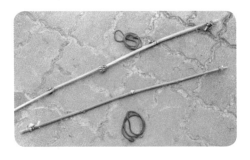

2 將鐵絲彎折成鉤狀，然後在鐵鉤上綁線。注意：鉤末端做小圈才不會尖銳。

3 將線頭的另一端綁在竹竿的節上。

4 釣竿大功告成！接著就來試試釣鞋子吧，看誰釣得快又多。

蓬萊竹

Bambusa multiplex

（禾本科蓬萊竹屬）

🌸 **哪裡找？**

鄉間、農村最常見。

🌸 **長怎樣？**

禾本科植物。高 2~-5 公尺，稈徑 1~4
公分，是比較小型的竹類。

節間長 15~30 公分，小枝簇生於節
上，小枝長 30~40 公分。

葉子呈披針形或狹披針形，竹稈爲叢
生狀，可當作防風林。

🌸 **何時可見？**

全年。

🌸 **其他俗名？**

掃把竹。

天女散花

適玩年齡　**1** 歲以上

訓練項目　1. 遊戲過程可訓練 **手部小肌肉**。
　　　　　2. 拋出葉子需要 **臂力**。

天女散花原為佛教故事，傳說天女百花仙子為了試驗修道之人，在有人傳道說法的時候就會出現，將花灑向傳道人及其弟子，如果已經修成正果，花便會落下，倘若未得道，花便會停在身上無法拂去。後來，「天女散花」這句成語多用來形容樹木落葉或落花的壯觀景象。

我家附近有一整排美麗的唐竹，當秋風吹起時，地上的片片竹葉就會被風捲起，接著飄然落下，宛如天女散花，非常浪漫。不過其實不必等到秋風吹起，只要手裡捧一把乾竹葉往天空一拋，這些薄如蟬翼的竹葉便自空中旋轉、跳動、飛舞，自己就可以製造浪漫的情境了。這裡之所以使用竹葉，主要是因為它既輕又薄，一般常見的刺竹、長枝竹、金絲竹也都可以派上用場喔。

➡️ 步驟（或玩法）

1 備妥竹葉後，用剪刀把竹葉剪成許多
小段。

2 手上只要一大把竹葉段就夠了。

3 接著往空中一灑，飄落的竹葉是不是
很像天女散花呢？

唐竹
Sinobambusa tooasik

(禾本科唐竹屬)

🌸 **哪裡找？**
一般公園、校園或住家常見。

🌸 **何時可見？**
全年。

🌸 **長怎樣？**
主要作為觀賞用途。
稈高 3~6 公尺，稈徑僅 2~3 公分寬。
葉子簇生於節，層次分明。目前已普
遍栽種。

🌸 **其他俗名？**
四季竹。

蒲葵大扇子

適玩年齡	5 歲以上
訓練項目	1. 遊戲過程可訓練 手部小肌肉 。
注意事項	由於蒲葵葉柄兩側有刺，修剪葉尾和除刺等動作最好由大人完成，以免小孩刺到手。

我常對小孩說些關於地球、環境、氣候的事，讓他們了解每個生物既是生產者、也是消耗者，但只有人類不斷大量消耗地球的一切資源，對地球而言，人類就是病毒，一步步地毒害地球健康。

《改變世界的 6℃》（*SIX DEGREES: Our Future on A Hotter Planet*）這本書中提到：「地球每上升攝氏一度，地表將缺乏淡水，耕作面積減少……升高六度，多數生物會滅亡，人類也無法倖存。」我對女兒說了這個恐怖預言故事後，她驚嚇地說：「爸爸……我還不想死掉。」我大笑一聲，給了她一把葵扇，告訴她這就是地球的解藥，意思是說，只要節能減碳就可以避免環境浩劫，能搖葵扇就不開冷氣，能爬樓梯就不搭電梯。

中國用蒲葵做扇子已經超過一千六百年，市場上也買得到編織的葵扇，不過我們現在也可以自己動手做，只要將葉子部分用剪定鋏剪下、修剪並壓平，就能完成一把自製扇子，還具有天然的草香味。除了蒲葵之外，有相似扇形葉的棕櫚科植物都可以拿來運用，像是棕櫚、華盛頓椰子等。但要注意，這類植物的葉柄兩側都有刺，必須小心除刺以免刺傷。

➡ 步驟（或玩法）

1 剪取蒲葵葉，將葉柄留下大約 10~15 公分長。

2 用剪刀修剪葉尾，留下葉長約 20~30 公分，並修整成 100~120 度角。

4 等到葉片乾燥後搬開磚塊，宛如芭蕉扇的大扇子就完成了。

3 用磚塊壓住葉子，使扇面平整並固定形狀。

蒲葵
Livistona chinensis

(棕櫚科蒲葵屬)

🌼 **哪裡找？**

一般公園、校園或路邊常見。

🌼 **長怎樣？**

棕櫚科喬木，株高可達 15 公尺，經常作為行道樹。

樹幹筆直不分枝，葉片叢生於莖的頂端，扇形葉片巨大，葉長近 2 公尺，葉面呈皺摺狀，葉尾分裂成線形，葉面為革質。

🌼 **何時可見？**

全年。

🌼 **其他俗名？**

扇葉葵。

輪傘草相框

yzl

適玩年齡　**5**歲以上

訓練項目　1. 彎折葉柄成方框的動作，充分利用 **手部小肌肉運動**。

二十年前在學校上景觀課程時，老師要我們用相機拍出校園裡關於植物的美，當時我用的是傻瓜底片相機，對相機及攝影也沒有研究，因此只是隨便拍拍，交差了事。當兵的時候，國防部舉辦了攝影比賽，當時我手上只有一台數位傻瓜相機，儘管不清楚攝影技巧的深奧，也傻傻地想參加，於是一個拿著傻瓜相機的傻瓜在外頭到處拍照，相片印出來，一看實在平淡無味，也就沒有浪費郵資寄出參加比賽。

出社會之後，我又用同一台相機陸續參加了幾次攝影比賽，顯然我根本還沒有徹底覺悟現實的殘酷。為了弄清楚自己到底哪裡拍不好需要改進，我瀏覽了網路的攝影論壇，看看別人的作品，再比較自己的作品，我想我拍的不能稱為作品，而應該叫作失敗品，那些我曾寄去參賽的相片有的迷焦，有的模糊不清，竟然連這種東西也敢參賽，我真為自己的天真感到害怕。

不過，我對攝影的興趣絲毫不減。我把器材升級到不錯的單眼相機，發現此時的器材和十幾二十年前相比不可同日而語，不但畫素高，而且功能五花八門，甚至還有神奇的臉部自動對焦，拍攝人像時很方便。於是我靈機一動，用輪傘草稈做成方框，模仿相機臉部自動對焦時的小框框，叫小朋友拿著拍照，讓相片有另一種趣味。

步驟（或玩法）

1 選取葉柄長度 120 公分以上的輪傘草數枝。

2 將葉片全部剪去，留下莖稈。

3 用兩根葉柄折成一個四方形，也可以折成梯形和菱形。

4 將交叉的兩頭打結固定住。

5 相框完成囉。嗶嗶！臉部對焦中。

輪傘草

Cyperus alternifolius subsp.flabelliformis

(莎草科莎草屬)

🌸 **哪裡找？**

一般水溝旁或池塘邊常見。

🌸 **何時可見？**

全年。

🌸 **長怎樣？**

多年生挺水性草本植物，株高 60~100
公分，莖短，稈叢生，呈三角柱狀，
型態直立。

葉片退化成鞘狀，稈頂為互生苞葉，
呈放射狀，看似雨傘骨架。

聚繖花序著生於葉基，性耐陰，半日
照處也能生長。

🌸 **其他俗名？**

破雨傘、輪傘莎草。

吹葉子

適玩年齡　**5** 歲以上

訓練項目　1. 找出適合吹氣的位置並掌握吹氣方式，可訓練 專注力 。

　　　　　2. 遊戲過程需要 肺活量 。

隨著知識的累積、文明的進步，人類的移動方式從依靠雙腳、仰賴獸力，直到現在利用引擎、馬達、太陽能、風力、磁力等各種能源及自然原理的動力來源，所能到達的地方愈來愈遠。在上述的動力來源中，利用空氣對流原理所發展出來的氣墊船是一種很特別的交通工具，它以空氣在船隻底部襯墊支撐，只要對著船底吹氣，便能使船體浮離水面，減少許多阻力。

根據這樣的原理，自己也能動手做「氣墊船」喔。摘幾片約手掌大的葉片放在平整的桌上，然後對著葉子吹氣，空氣便會支撐葉片向前飄浮了起來。不過，吹氣可不是一股腦地猛吹喔，平順且緩和的力道才能使葉片飄得遠。還有，必須注意空氣吹向葉子的地方，邊緣要稍微往上翹起，空氣才能進入葉子下方。

1 選擇約手掌大小且平整的葉片放在桌面上。

2 下巴貼近桌面，將葉片放在下巴前。

3 對著葉片微微翹起的地方輕輕吹氣。

4 葉片飄起來囉。

小葉桑
Morus australis

（桑科桑屬）

🌸 **哪裡找？**

一般公園或路邊常見。

🌸 **長怎樣？**

落葉灌木或小喬木，株高 3~5 公尺。
葉片呈卵圓形，邊緣有鋸齒。某些葉
有 3~5 深裂，雌雄異株。
果實為球形或橢圓形聚合果，也就是
桑椹，只不過比一般桑椹小。

🌸 **何時可見？**

春至秋季。

🌸 **其他俗名？**

鹽桑仔、蠶仔樹。

竹葉雞

適玩年齡　*5* 歲以上

訓練項目
1. 藉由彎折、塑型可訓練 專注力 。
2. 製作過程需要 手眼協調力 。
3. 過程中充分利用 手部小肌肉運動 。

聽老一輩的人說，以前生活困苦，物質缺乏，但是很快樂；現在的人擁有很多，卻不比從前快樂，憂鬱症人口反而愈來愈多。我想是因為以前沒有那麼多商店，沒那麼多東西好買，只要三餐有飯吃，有個遮風擋雨的土房可住，也就滿足了。現在，到處都是商店，電視裡一堆廣告提醒你還有好多東西沒買、好多東西還沒擁有，即使已經擁有，卻還要換更好、更新、更快、更大、更什麼什麼的，似乎這樣才算是美好的生活，才不至於落伍。但東西是永遠買不完的，慾望就像無底洞般永遠填不滿。我懷念單純的美好。

小時候放暑假，除了作業就剩下玩，也不會有多餘的暑期先修班。記得我常到後山河堤邊的竹林下乘涼，在藍天白雲、青山綠水間聆聽蟲鳴鳥叫，溫暖海風徐徐吹拂。姊姊摘了一些竹葉教我做竹葉雞，這不起眼的小東西就是一種小確幸，現在雖然回不去童年，竹葉雞卻能回憶童年。

➡ 步驟（或玩法）

1 摘下一段葫
蘆龍頭竹，葉片
以瘦長者為佳。
然後留下尾端三
片就好，其他的
統統摘除。

2 將中間葉片向下折。

3 包覆左右兩片葉子成雞的身體。

4 將多出來的葉身反折塞進結中，完成
雞身形狀。

5 將剩下兩片葉子的其中一片打個結，
然後壓扁做成雞頭。

6 第三片葉子則撕成三裂做成雞尾巴。

7 竹葉雞完成囉，來說個黑雞與白雞過
獨木橋的故事吧。

葫蘆龍頭竹

Bambusa vulgaris cv.Wamin Bambusa ventricosa

（禾本科蓬萊竹屬）

🌸 **哪裡找？**

一般公園、校園常見。

🌸 **何時可見？**

全年。

🌸 **長怎樣？**

禾本科植物，稈高 2~15 公尺，稈徑可達 10 公分。節間短，一節約 3~15 公分，稈基部節間較短。

籜葉為三角形，葉長呈披針形，一簇約 5~10 枚。

主要用途為觀賞或雕刻，尤其短胖的節間十分奇特。

🌸 **其他俗名？**

短節泰山竹。

yzl

適玩年齡 5 歲以上

訓練項目 1. 藉由修剪動作可訓練 專注力 。

2. 設計圖案需要 創意 。

女兒對於剪紙及繪畫等美勞、美術方面很感興趣,她不只剪色紙,也剪廣告紙,往往剪得一屋子到處都是紙。剪紙是傳統的民間藝術,最早用於祭祀與宗教,後來只要逢年過節、婚喪喜慶,都可看見剪紙藝術的表現,只可惜這項傳統工藝已逐漸失傳。

有一天我帶孩子到公園運動,女兒正準備要玩剪紙,卻發現色紙在騎車半途中掉了。剛好附近有血桐,於是摘了幾片特大的葉子讓她剪,頭一回用葉子當紙來剪,她也樂得開心。

即使沒有色紙,用葉子也能讓孩子體驗剪畫的樂趣,這不僅需要巧手使用剪刀來剪,還得動腦思索下一步的剪法。不妨從簡單的幾何圖形開始練習,慢慢剪出像是建築物、交通工具等直線構成的東西。

➡️ 步驟（或玩法）

1 摘下幾片血桐葉子，並備妥剪刀。

2 動手將葉子剪出想要的形狀，可先由簡單的幾何圖形開始練習。

3 習慣葉子的質感之後，可挑戰更多高難度的剪法，還能形成一幅具有故事感的畫面。

血桐

Macaranga tanarius

（大戟科血桐屬）

🌸 **哪裡找？**
一般公園、校園或路邊花圃常見。

🌸 **何時可見？**
全年。

🌸 **長怎樣？**
大戟科喬木，高度可達 10 公尺。
樹皮汁液氧化之後呈紅色，所以叫作
「血桐」。
單葉簇生於莖部頂端，葉片呈盾形，
長 10~30 公分。

🌸 **其他俗名？**
流血桐。

拋鏈球

50
40
30
20
10

適玩年齡　　**5** 歲以上
訓練項目　　1. 拋投力道可訓練 [腕力]。
　　　　　　2. 投擲技巧需要 [協調性]。
　　　　　　3. 製作過程能強化 [手部小肌肉運動]。

鏈球是田徑運動中的其中一個項目，和鉛球、鐵餅、標槍一樣都是在比誰投擲的距離最遠，較大的不同在於鏈球是唯一使用雙手投擲的項目。鏈球運動源自於中世紀的蘇格蘭工人以木柄鐵鎚作投擲競賽，所以鏈球的英文叫 Hammer（鐵鎚）。比賽中的男子鉛球和鏈球同樣重達 7.257 公斤，但鏈球多了鋼鏈和把手，可以在經過三、四圈的加速旋轉後大大增加投擲的距離，一般男子擲鉛球的距離約為 23 公尺，男子鏈球的距離則約 86 公尺，只不過多了一條鏈子就增加了數倍的動量，原因就在於選手用雙手加上鋼鏈作為鏈球的旋轉半徑。投擲鏈球並不只要體格壯碩，而是旋轉時維持身體平衡的協調性，才能流暢地將鏈球投出。

我們也能用植物來做鏈球，常見的三葉崖爬藤是很好的材料。取一些莖葉和一條老藤蔓，用老藤蔓包住一些莖葉，包一圈後再於外頭包上更多莖葉，接著如同做草球般讓球體變扎實。玩鏈球遊戲時必須在空曠處，一開始小朋友可能還要學習如何加速及找到正確出手時機，對協調性有很大幫助。

➡ 步驟（或玩法）

1 拔一些莖葉和一段約 1 公分粗的老藤條。

2 用老藤纏繞莖葉一圈。

3 取出細藤把莖葉纏成球狀。

4 盡可能把球纏繞得緊實。

5 鏈球就大功告成囉！馬上來試試你的臂力吧。

三葉崖爬藤
Tetrastigma formosanum

(葡萄科崖爬藤屬)

🌸 **哪裡找？**
平地、荒野常見。

🌸 **長怎樣？**
多年生藤本，莖長 3~5 公尺，節上有
鬚可攀爬。
複葉三出，小葉長橢圓，葉緣全緣或
疏鋸齒狀，葉面有光澤，葉長約 4~6
公分。
繖房狀聚繖花序，小花瓣四瓣十字
型，淡綠色。

漿果綠色成串，如葡萄狀。

🌸 **何時可見？**
全年。

🌸 **其他俗名？**
三葉葡萄。

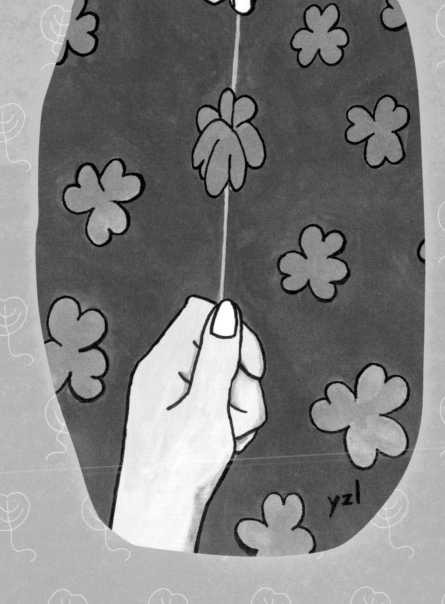

鬥紫花酢醬草

適玩年齡　5 歲以上

訓練項目　1. 製作和遊戲過程可充分利用**手部小肌肉運動**。

從小學一年級開始，小朋友就必須打掃校園及教室，至於會被分配去廁所洗馬桶或在走廊拖地，那就各安天命。

有一個學期我被分配到教室前花圃，要負責澆水、掃落葉。同一區域有三棵樹，由兩名學生共同負責，但一人清掃了一棵樹的範圍後，就為了誰要清掃另一棵樹而僵持不下，我說我昨天才掃，他說他的樹比較大棵，兩人愈講愈大聲。老師發現我們在爭吵，於是過來了解狀況，等到我們解釋案發過程之後，老師在樹下拔了兩枝紫花酢醬草，讓我們一人拿一枝，我們還丈二金剛摸不著頭緒，老師便要我們去除葉柄外殼，留下葉柄柔韌的中軸。我們用手抓著中軸，甩動葉片，讓兩人的葉片交纏。
接著拉緊中軸，兩人一起數「一、二、三」之後用力拉中軸，中軸先斷的人就輸了。我忘了究竟誰輸誰贏，只記得當時我們地也不掃了，一直玩個不停。

● 步驟（或玩法）

1 準備具有完整葉柄的酢醬草葉子，葉
子愈大愈好。

2 兩手捏著葉柄末端，用力扯斷後露出
中軸纖維。

3 一手拉葉柄，一手拉中軸，拉到接近
頂端時掐斷葉柄，留下中軸部分。

4 準備完成。

5 兩人同時旋轉葉片，使葉片勾在一起。接著慢慢拉扯，誰的先斷掉誰就輸了。

紫花酢醬草
Oxalis corymbosa

(酢漿草科酢漿草屬)

❀ 哪裡找？

一般公園、校園或路邊常見。

❀ 長怎樣？

株高 10~30 公分，掌狀複葉，小葉三片呈心形，有時可以找到具有第四片小葉的幸運草。

葉子有睡眠運動，在夜晚或陰天時會閉合，太陽出來後才展開，在台灣平地隨處可見。

每年春至夏季會綻放大片的淡紫色小花，是帶有酸味的清爽野菜。

❀ 何時可見？

全年。

❀ 其他俗名？

鹽酸草。

踩高蹺

yzl

適玩年齡 *5* 歲以上

訓練項目 1. 遊戲過程中可訓練 平衡感 。

2. 為使身體達成平衡，需要 手腳協調 。

3. 拉扯繩索可促進 手部小肌肉運動 。

注意事項 1. 製作過程因使用到鋸子和鐵鎚，由大人執行較安全。

早在堯舜時代，「踩高蹺」這種表演便已經存在，那時有個丹朱氏族在祭典中要踩高蹺跳舞。但現在很少小朋友會玩這種技藝了。

其實要做高蹺並不難，首先鋸下兩大塊相思樹的樹枝（直徑約 12 公分，長度約 15~20 公分），為了使木塊兩端切面保持平行，並使切面和生長方向垂直，可以用長方形紙張圍在樹枝上，頭尾相接對準後再做鋸面記號，如此一來，鋸下的木塊就能保持切面平行。接著，再用兩條童軍繩、四根鐵釘敲敲打打就好了。

踩高蹺的訣竅在於手腳協調。手要拉緊繩子，讓木塊保持在腳掌前端，一開始小心緩慢移動，不要心急，這樣才比較不會跌倒。是鍛鍊平衡感和協調性的好遊戲。

1 在要鋸下的段木包上一張 A4 紙，使頭尾相接，並在樹皮畫上記號，如此鋸下的段木兩面才會平行。

3 準備 4 支約 5 公分長的鐵釘、鐵鎚和兩條童軍繩。

5 把鐵釘打入木塊邊緣 2 公分處。

7 依上述步驟再做另一個，於是高蹺就完成了。

2 選擇木頭直徑約 12 公分的地方鋸下。

4 將鐵釘穿過童軍繩兩端的繩結。

6 鐵釘留下約 2 公分後往側向打，用以夾住繩頭。

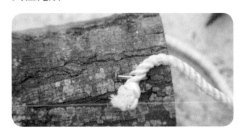

8 小心站上木塊，雙手拉繩並抬腿才能移動，這需要一點時間練習。

相思樹
Acacia confusa

（豆科含羞草亞科金合歡屬）

❀ 哪裡找？

全台低海拔地區。

❀ 長怎樣？

豆科含羞草亞科金合歡屬喬木，株高可達 10~15 公尺。每年春至夏季開花，金黃色頭狀花序自葉腋開出，花後可結莢果。

分布於全台灣低海拔地區，壽命約40~50 年，所以經常可見早期栽種的老相思樹早已乾枯。很適合用來製作遊戲材料。

❀ 何時可見？

全年。

❀ 其他俗名？

相思仔。

白千層畫紙

適玩年齡　5 歲以上

訓練項目　1. 畫圖過程中可訓練 專注力 。
　　　　　2. 需要 美感創意 。
　　　　　3. 藉由運筆可強化 手部小肌肉運動 。

造紙術、印刷術、火藥、指南針是古中國的四大發明，其中造紙術對人類文明有莫大的幫助，目前已知最早的紙是東漢時期的蔡倫所發明的。在紙發明之前，世界各地都有一套記錄文字的載體，例如古埃及人用紙莎草葉排列成紙，古歐洲人用獸皮，古馬雅人用樹皮，而古中國的甲骨文則刻在龜甲及獸骨上，然而這些材料價格昂貴且數量少，直到造紙術的出現，才讓文字變得更容易記載，也更容易傳遞，加快了人類文明的進程。

現在我們的生活中到處都是紙的應用，小朋友無法想像沒有紙的生活會有多快樂，因為再也不用寫作業，但也因此不能在紙上畫畫。為了讓他們了解到有紙可用是多麼幸福，我撿了一塊白千層脫落的樹皮，學習馬雅人用樹皮書寫，原來，在樹皮上作畫也別有一番趣味。

→ 步驟（或玩法）

1 準備幾張自然脫落的白千層樹皮。

2 小心剝開樹皮，利用乾淨的內面作畫。

3 準備畫筆和顏料。

4 先塗上底色。

5 畫上圖案。

6 完成一幅太陽圖囉。

白千層

Melaleuca leucadendron L.

（桃金孃科白千層屬）

!!!

❀ 哪裡找？
一般公園、行道樹常見。

❀ 長怎樣？
常綠大喬木，樹高可達 6 公尺，直徑
50~80 公分。

樹皮為灰褐色，呈海綿質，具有彈性
的薄層，由於能一層層剝離，故名白
千層。

單葉互生，披針形。夏至秋季開白花，
圓柱形穗狀花序像瓶刷。

遊戲時只用自然脫落的樹皮，至於還
牢貼在樹幹的就不要去剝它了。

❀ 何時可見？
全年。

❀ 其他俗名？
脫皮樹。

黃槿葉手裡劍

適玩年齡 *5* 歲以上

訓練項目 1. 透過遊戲互動能訓練 專注力 。

2. 過程中需要 手眼協調 。

3. 手指夾住葉片的動作可促進 手部小肌肉運動 。

4. 拋出動作可 訓練臂力 。

手裡劍，別名「手離劍」或「忍者鏢」，是忍者用來射擊或牽制對手的武器。根據形狀，手裡劍的種類可以分為菱角分明的風車型及棒狀。風車型手裡劍有三至八刃等不同造型，較常見的是卍字型。實際上這種兵器很少用，因為古代要打造兵器是很麻煩的事，而且所費不貲。但沒想到這樣的兵器居然還是拋棄式，也就是射出後不會再收回使用，因此如果射中敵人倒還好，如果沒丟準、射到敵人身邊的樹，反而奉送給別人來危害自己。所以這種武器在如《火影忍者》等忍者電影及動畫中比較常見。

雖然這不是很實用的兵器，不過造型深具美感，而且丟出的姿勢很帥。小時候看忍者卡通時，就對丟手裡劍深深著迷，於是跑到屋外拔下黃槿樹的葉子當手裡劍。選擇葉片時以較平整的成熟葉片為佳，如此才能飛得遠。也可以用射飛盤的姿態來投擲，會比較容易控制喔。

1 準備幾片黃槿葉。

2 站好姿勢，準備投出。

3 看我的厲害！

黃槿

Hibiscus tiliaceus

（錦葵科黃槿屬）

🌸 哪裡找？

一般公園、人行道或鄉間常見。

🌸 長怎樣？

錦葵科常綠喬木，株高可達 7 公尺。
樹幹灰色，分枝多，表皮深縱裂。
葉片呈心形近圓形，紙質，早年廁所
沒有廁紙，而黃槿葉就是廁紙了。
花期為春至夏，花為黃色鐘形，就像
一個個羽毛球。花瓣 5 片，花心為暗
紅色。

🌸 何時可見？

全年。

🌸 其他俗名？

粿葉樹。顧名思義，這種樹就是包粿
用的材料，無論是做菜包粿或芋粿都
少不了它。

套圈圈

適玩年齡 3 歲以上

訓練項目 1. 遊戲過程可訓練 專注力 。
2. 套圈動作需要 手眼協調力 。
3. 透過丟擲可促進 手部小肌肉運動 。

幾乎所有人的小時候都玩過夜市的套圈圈遊戲，在獎品區內有許多玩具、飲料等獎品，參加者付錢後可以拿到一些藤質圓圈，在投擲區朝著自己喜歡的獎品丟圈圈，只要成功套住獎品就可以把它帶回家。每星期二在火車站前的夜市第三十攤是我最常光顧的攤位，除了常見的糖果和汽水，我最愛的就是火柴盒汽車了。老闆總把各式小汽車整整齊齊地擺在第三排，有跑車、轎車、卡車等，看得我目不轉睛。

我總將媽媽給我買熱狗的錢拿去玩套圈圈。我實驗了各種丟擲方式，包括一個個丟、全部一起丟、水平方向丟、拋物線丟、左手或右手丟，雖然經常玩，但技巧不好，只得到兩輛車，還有其他十八輛等著我去套。

有一天，或許是我早睡的關係吧，居然用手裡的十五個藤圈彈無虛發地套中了十五輛小汽車，老闆不可置信地把獎品給我，接過手的當下，感覺相當不真實。鈴——鬧鐘響了，果然是虛幻的，可惡！

其實，套圈圈也可以 DIY 在家玩。首先將水柳的枝條剪成一段段約四十五公分，繞成圓圈後用膠布固定，接著準備數十個圈圈和三支保特瓶就能玩套圈圈了。除了水柳，垂柳也是可用的材料喔。

步驟（或玩法）

1 準備一些枝節較柔軟的水柳枝葉。

2 去除葉片，留下莖條。

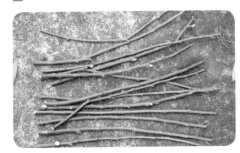

3 將一段段柔軟的莖折彎成圓圈形狀。

4 莖條兩頭彼此交疊 2 公分，交疊處用膠帶固定。以此同樣方式多做幾個圈圈。

5 圈圈完成！拿幾支保特瓶當目標，先從近距離開始套套看！

水柳
Salix warburgii

（楊柳科柳屬）

🌸 哪裡找？

一般公園、校園。

🌸 長怎樣？

楊柳科落葉喬木，高度可達 5 公尺。
樹皮有縱裂溝紋，小枝柔軟斜上升生
長。
葉呈卵狀披針形，葉緣有細鋸齒。

🌸 何時可見？

全年。

🌸 其他俗名？

水柳仔。

鬼針草對戰

適玩年齡　**3** 歲以上

訓練項目　1. 玩遊戲的閃躲動作可訓練 反應 。

　　　　　2. 投出動作需要 臂力 。

　　　　　3. 藉由抓取可強化 手部小肌肉運動 。

大花鬼針草又名大花咸豐草，在台灣算是頭號雜草，全年開花不斷，花期後可結瘦果，果實前端有倒鉤刺，成熟後容易附著在人畜身上，如果穿長褲走過，一定會黏得褲管都是，因此有了一個很響亮的名字——恰查某。而當它掉在土地上時，又會繼續發芽長新株，果實成熟之前還是綠色的時候不易脫落，不過這時的倒鉤刺已經相當有附著力，很適合拿來玩遊戲。

你可以摘下一些綠色果實，與另一人各分一半。雙方面對面，相隔五步的距離。接著遊戲開始，兩人互相扔擲大花鬼針草到對方身上，可以左右或蹲下閃躲，但雙腳都不能移動。身上的大花鬼針草愈少的人就算勝利，是一種考驗反應及敏捷力的遊戲。

⟹ 步驟（或玩法）

1 準備一些大花鬼針草還沒成熟的果實。

2 將果實拿在手上，兩人同時丟出大花鬼針草。

3 可以左閃右躲或蹲下，但是雙腳不能移動。

4 身上的大花鬼針草愈少的人就是勝利者。

大花鬼針草
Bidens pilosa L. var. radiata Sch. Bip.

（菊科鬼針草屬）

哪裡找？
一般公園、校園或路邊花圃常見。

何時可見？
全年可採。

長怎樣？
高度約 40~70 公分，葉對生，三出複葉或五出複葉，小葉卵形。
頭狀花序頂生或腋生，舌狀花白色4~8 枚。
果實黑褐色，細長狀，上端具逆刺，可以附著在人畜身上藉以散布果實。

其他俗名？
恰查某。

大力士舉竹竿

適玩年齡 　*5* 歲以上

訓練項目 　1. 抓握與平衡動作可訓練 臂力、腰力、腕力 。

雄性動物都是崇尚力量的，特別是為了獲得雌性的青睞，必須用力量證明自己比較強，而唯有強者才能和雌性交往。人類也不例外。擁有精實健壯的身體，誰不愛呢？身懷力拔山河的氣魄，誰能不為之傾倒？

話說兒子看了《超人特攻隊》之後，似乎就夢想成為一個大力士，雖然五歲小孩的小小夢想離現實太遙遠，但他的骨架和力量感覺高出我甚多，如果從小時候的遊戲中鍛鍊，搞不好能成為下一個舉重金牌。我給孩子們的訓練器材是一根長 4~5 公尺的竹竿，讓他們以單手或雙手拿著竹竿中間，手慢慢往較粗的那頭移動，同時保持竹竿的水平，不可以向上翹或往下垂。能抓握到最靠邊的人就獲勝，如果都能抓握到較粗的那端並保持水平，則換抓最細的一端。

這個遊戲除了訓練臂力及腰力，小朋友還能實際體驗物理學中的槓桿原理，讓他們明白同一根竹竿即使抓握不同的位置，平衡竹竿所用的力量可以相差到數十倍。

🔜 步驟（或玩法）

1 準備一根長竹竿。

2 比賽看看誰能抓到竹竿的最尾端並且保持水平，最接近尾端的人獲得勝利。

3 沒法保持水平就算失敗。

麻竹

Dendrocalamus latiflorus Munro

(禾本科牡竹屬)

哪裡找？

鄉村、田野常見，由於是經濟作物，採竹子時需徵得主人的許可。

長怎樣？

台灣廣泛種植的經濟竹類，竹稈叢生狀，稈高 20 公尺，稈徑 20 公分，節間長 60 公分。

葉長披針形，一簇 7~8 枚，同一叢竹葉的大小差異頗大，長度從 30~50 公分都有。

何時可見？

全年。

其他俗名？

大綠竹。

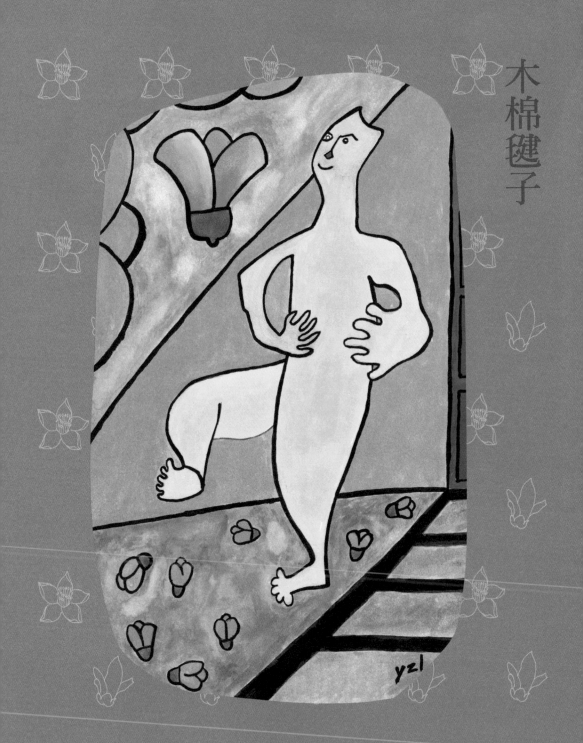

木棉毽子

毽子是中國的傳統運動遊戲，也被排入國小體育課作為訓練項目及測驗項目。以前體育老師規定要踢十下才算合格，我的好朋友小龍因協調性不太好，很難達到標準，連女生都踢得比他好，特別是阿花，隨便踢都超過 30 下。小龍誰都能輸，就是不想輸她，因為阿花曾向老師告狀，指出小龍把口香糖放在新老師的椅子上，結果小龍被罰在教室後面站了一上午，從此小龍就視阿花為眼中釘。在測驗前三天，小龍每節下課都在教室後面拚命踢毽子，但因教室太小，以致經常踢到桌椅，痛得他哇哇叫。後來跑到走廊練習，一次把毽子丟到後面，小龍轉身要接，右腿一抬不小心踢到訓導主任的屁股，結果又被罰站了。這是我記憶中對毽子的有趣回憶。

國小畢業後我就沒有踢過毽子了，看到路邊木棉花開，樣子還真有點像毽子。於是撿了一些自然掉落且還算完整的木棉花當毽子踢，別有一番趣味。挑選木棉花時，最好選擇花瓣完整而且有點柔軟的花，因為新鮮的花瓣易脆，有點軟的花瓣才比較耐玩。

和工廠生產的毽子相比，雖然木棉花脆弱了點，但作為天然的玩具還是滿好玩，只是踢的時候要注意，可別踢到別人的屁股囉！

➡ 步驟（或玩法）

1 在地上找一朵完整但較軟的木棉花。

2 活絡一下筋骨，準備開始踢！

3 瞧瞧我的真功夫。

木棉

Bonbax ceiba

（木棉科木棉屬）

🌸 **哪裡找？**

一般公園、校園或路邊人行道常見。

🌸 **長怎樣？**

高度達 20 公尺，樹幹有圓錐狀刺。
植物生長的循環在木棉身上十分明
顯，每年 3~4 月，光禿禿的枝椏會開
出一朵朵橙色肉質花，花落後才展開
掌狀葉，接著 5~6 月結成果實，到了
冬季落葉後又只剩枝椏。

🌸 **何時可見？**

3~4 月。

🌸 **其他俗名？**

英雄樹。

鞦韆

適玩年齡　5歲以上

訓練項目　1. 抓握繩索的動作充分利用 手部小肌肉運動 。
　　　　　2. 遊戲過程中需要 平衡感 。
　　　　　3. 擺盪時可強化 腰腹部運動 。

「鞦韆」源自遠古時期，當時的人類為了採食樹上的果實，會抓著林間垂懸的藤條擺盪，藉以在樹間移動或跨越溝渠，我想這樣的行為很可能是看猴子學的。後來改良製作木造架子，用獸皮當繩、木板當座墊。這種形式至今仍在沿用，只不過材質有些不同。

盪鞦韆不只好玩，更可以舒展身心、忘卻煩惱、使人勇敢、訓練體能。可惜，不知是不是為了安全考量，公園裡的鞦韆變少了，既然如此，我乾脆自己做一個。先找一棵下部樹枝呈水平生長的苦楝，如果有其他樹種，則選擇枝幹直徑在 20 公分以上的樹，愈接近水平生長的莖幹，就能使鞦韆擺盪的角度愈好。

注意，選擇樹木時只能以自家樹為主，野生樹木、公園樹或行道樹都不可以使用。此外，繩結必須確實綁牢，使用時要注意自身及他人安全。

➡ 步驟（或玩法）

1 準備童軍繩和長度約 60 公分的竹管。

2 在竹管兩端都綁上營釘結。

3 找一棵有水平生長莖幹的樹。圖中植物為苦楝。

4 將綁上竹管的繩子另一端綁在樹枝上，並盡量使竹管與地面保持水平。

5 確定一切穩固之後就可以盪鞦韆囉。

苦楝

Melia azedarach

(楝科楝屬)

🌸 **哪裡找？**

一般公園、校園或路邊花圃常見。

🌸 **長怎樣？**

楝科喬木，在台灣平地及低海拔山區常見。

株高可達 15 公尺，樹幹有縱向深裂紋，2~3 回奇數羽狀複葉。

春天開花，具有淡淡幽香。

🌸 **何時可見？**

全年。

🌸 **其他俗名？**

苦苓。

跳藤

適玩年齡　**5** 歲以上

訓練項目　1. 跳繩可訓練 專注力 。

2. 過程中需要 手腳協調 。

3. 藉由抓握可促進 手部小肌肉運動 。

跳繩是兒童經常玩的遊戲，但它的好處比較少受到重視。作為競賽項目時，它可以單人或多人同時進行，看似單調的跳繩竟能變化出一百種以上的花式動作，有正著跳、倒著跳、蹲著跳、躺著跳，多人花式跳繩更是變化多端，令人目不暇給。作為平時的運動，跳繩可以訓練心肺功能、耐力和專注力，是許多運動員必須進行的基礎訓練，對膝蓋的傷害也比跑步少，很適合各個年齡層的人。

如果手邊沒有跳繩，也可以用雞屎藤來取代繩子。新鮮含水分的雞屎藤稍具重量，當做跳繩也很容易上手。選擇雞屎藤時，以挑選直徑約一公分的粗度為佳。由於是用一整條藤蔓，所以使用時手腕要跟著藤轉，除了藤蔓有些部分彎曲之外，使用起來就和一般跳繩一樣。

步驟（或玩法）

1 準備一條長度約 3 公尺的雞屎藤。

2 兩手握緊藤蔓，做出跳繩預備動作。

3 我跳、我跳、我跳跳跳！

雞屎藤
Paederia foetida
(茜草科雞屎藤屬)

❀ **哪裡找？**
鄉間或平地山野常見。

❀ **長怎樣？**
平地常見的茜草科藤本植物，全株具
有特殊氣味，有人說像雞屎味，但我
倒不覺得是什麼臭味。
莖具纏繞性，葉片呈披針形或卵形，
葉長 5~10 公分。
夏秋季開花，花呈筒狀，外部白色，
內側紫色。

❀ **何時可見？**
全年。

❀ **其他俗名？**
牛皮凍。

彈指神功

適玩年齡　*3* 歲以上

訓練項目　1. 瞄準動作可訓練 專注力。

2. 遊戲過程需要 手眼協調力。

3. 運用手指彈出動作可訓練 小肌肉。

國中的時候，我身上最強壯的部位不是游蛙式練就的大腿，也不是拉單槓形成的二頭肌，而是右手中指，為什麼呢？當時的電視八點檔天天都在播放港劇《楚留香》，看著男主角鄭少秋把古龍筆下風流倜儻、溫柔多情、足智多謀且武功高強的楚香帥演得出神入化，尤其那源自師父小李飛刀的彈指神功，就讓人崇拜得不得了，他不必動刀槍，只消手指一彈，就讓壞蛋束手就擒。那時，我們班上的男上就特別愛玩彈指神功，只是我們彈的是耳朵。玩法是先猜拳玩黑白猜，輸的人就要被彈，於是每個人的右手中指都變得很強勁，但耳朵也都紅通通。

最近去了梧棲漁港買魚，在木麻黃下發現許多木麻黃的毬果，教小朋友彈毬果時便想起了以前彈耳朵的趣事。索性把毬果排好一列，前方放個目標物，精神集中在右手中指，接著把木麻黃毬果一顆顆往目標彈去，比賽看看誰才是楚留香。

● 步驟（或玩法）

1 準備木麻黃的果實和一支瓶子。

2 將果實排成一列，可循著地磚縫隙排列比較整齊。

3 把瓶子放遠處，作爲目標物。用中指把果實彈向瓶子。

4 看似簡單，其實沒有想像中那麼容易打中，需要好好練習。

彈指神功 183

木麻黃

Casuarina equisetifolia

（木麻黃科木麻黃屬）

🌸 哪裡找？
一般公園、校園或濱海地區常見。

🌸 長怎樣？
常綠大喬木，株高可達 18 公尺。
樹皮易成碎片狀脫落，葉片退化成小
枝狀，看起來像松葉。
花期在 4~5 月，毬果長約 1~2 公分。

🌸 何時可見？
全年都可在樹下找到毬果。

🌸 其他俗名？
番麻黃。

月桃五子棋

適玩年齡 **5** 歲以上

訓練項目 1. 遊戲過程訓練 專注力 。

2. 下棋需要 推理思考能力 。

我很懷念民國七〇年代那種淳樸民風與安全環境。那時我還是個小學生，放長假時天天在外頭和一群小孩玩在一起，無論是在後山丟石頭、在廟埕捉迷藏或在池塘釣魚，總是到處跑、到處玩，而大人們似乎都忙著工作，從不擔心孩子沒回家。倒是我的阿公曾在後山砍柴時迷了路，因整夜沒回家，於是全村出動找人。

山，承載著我許多童年的回憶，而我也希望我孩子的童年都有自然相伴，因此後山就成了重點玩樂路線。山，可以很無聊，也可以很有趣，端看你懂不懂得玩。就說最近一次爬山，看到月桃正在結果實，正巧女兒說到老師告訴他們下棋的種類，我心想這果實剛好可以當棋子來玩五子棋，而且不需要棋盤，只要棋子擺得正就行。不管是在椅子、桌子或地上，無處不能玩，當作爬山休息時的消遣，自然一點也不無聊。

⊙ 步驟（或玩法）

1 蒐集一些月桃的果實，如果正好有木
麻黃的果實（圖左）也可拿來使用。

2 對弈開始。不用畫線也能玩，可是要
排列整齊。

3 看得出誰占上風嗎？

4 木麻黃勝券在握了。

5 木麻黃贏囉。

月桃
Alpinia zerumbet

（薑科月桃屬）

🌸 哪裡找？
鄉村及低海拔地區常見。

🌸 長怎樣？
株高可達 3 公尺，葉呈披針形，長 50~70 公分。單葉互生，厚紙質，葉鞘相互緊抱成稈狀。
夏季開花，圓錐花序下垂，花為白色，花期後結蒴果，全株具有薑的香氣。端午節常吃用月桃葉包的粽子，具有獨特香氣。

🌸 何時可見？
6~8 月。

🌸 其他俗名？
豔山薑。

拔河大賽

適玩年齡　*3* 歲以上
訓練項目　1. 透過遊戲可培養 平衡感 。
　　　　　2. 扭拉動作需要 腰力 。
　　　　　3. 藉由抓握可訓練 手部小肌肉運動 。

拔河是一項歷史悠久的運動，相傳在戰國時代的楚國設計了一種能鉤住敵船的工具，叫做「鉤強」。當兩艘戰船對戰時，便利用這種工具將敵船拉近，以分出高下。拔河也是士兵平日的訓練項目之一，當時稱爲「牽鉤」或「拖鉤」，後來演變成節日的民俗活動。那時用的是粗麻繩，兩邊連著許多細麻繩，比賽時選手拉著細繩，以中間大旗爲界，只要將對方拉到大旗就算勝利，規則基本上和現在一樣。

高中有一年學校運動會拔河比賽，由於當天很熱，大家實在不想參加。輪到我們和別班比賽，只見兩隊喊得挺有精神，繩子卻不見緊繃感，後來還變成 U 字形，因爲哪一隊都不想贏，誰贏了就得再比下一輪。天氣熱得很，輸了便能早點到樹下乘涼。這是不良示範，小朋友不要學。

已經久久沒玩拔河了，正巧附近一家工廠要擴廠，整地時清除了一堆武靴藤，有些老藤甚至和拇指一樣粗。我採了一條約四公尺長的武靴藤，讓兩個孩子互相對戰。孩子們把藤蔓繞過腰，雙手抓著藤蔓，兩人面對面地拉緊藤蔓，站定後開始比賽。方法是用手和腰的力量來使對手移動，只要先移動腳步的人就輸了。

這是訓練平衡感的好玩遊戲，但要注意，藤條的強度可能比繩索差，不能像一般拔河那樣使用，因爲承受太多拉力就可能會斷裂，不過以腰部來拔河則可使拉力降低而不易斷裂。

🔜 步驟（或玩法）

1 採集幾條較粗的藤條，長度約 4 公尺，並去除多餘的枝葉。

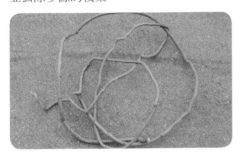

2 將藤蔓繞過腰部，雙方就位之後開始互拉。

3 拔河需要巧勁，不是蠻力。

4 最先讓對手移動腳步的人就贏了。

武靴藤

Gymnema sylvestre

(蘿藦科武靴藤屬)

🌼 **哪裡找？**

一般公園、校園或路邊花圃常見。

🌼 **長怎樣？**

多年生木質藤本，葉片呈倒卵形對
生，葉長 3~5 公分。

夏季開淡黃色花，花朵非常細小，僅
約 0.4~0.6 公分大。

蓇葖果為長尖卵形，種子具有冠毛。

🌼 **何時可見？**

全年。

🌼 **其他俗名？**

羊角藤。

剝橘皮

yzl

（楊智凱提供）

吃橘子（桶柑、椪柑等的通稱）之前必須剝皮，這是千古不變的道理，但創意的剝法卻能讓橘子有另一層趣味的意義，這是我某天晚飯後的水果時間所發現的。當時我邊看電視邊剝橘子，兒子突然大喊：「馬！」我看他用手比著我剝下的橘子皮，這才發現，剝橘子皮這樣稀鬆平常的事竟也能充滿樂趣！

剝橘皮時可以先大片大片地剝下，再依自己的創意創作各種形狀，這不僅能讓小朋友藉由練習剝橘皮時加強手指的靈敏度，還能了解一個東西不單單只有一種功能，用食物的角度來看，它是可口的橘子，但用玩具的角度看它，則充滿了無限可能性。換個角度看事情，結果都會大不同。

提醒一下，剝橘皮前後都要洗手喔。

⟹ 步驟（或玩法）

1 準備幾顆橘子。

2 用橘皮來做魚吧！先剝出大魚的魚頭，果蒂剛好可以當眼睛。

3 慢慢剝出魚身，大魚就完成了。

4 接著利用其他橘皮做出更多小魚吧。只要兩顆橘子就能完成一幅大魚吃小魚的海底奇觀。

(楊智凱提供)

桶柑
Citrus tankan

(芸香科柑桔屬)

❀ **哪裡找？**

菜市場。

❀ **何時可見？**

秋冬。

❀ **長怎樣？**

常綠小喬木，高度約 3 公尺。葉子呈
橢圓狀，花為白色。

花期後結球形果實，直徑大約 5~7 公
分，色彩鮮豔，果肉酸中帶甜，含豐
富維他命 C。

適玩年齡 5 歲以上

訓練項目 1. 藉由大喊可訓練 肺活量 。

2. 製作過程能促進 手部小肌肉運動 。

自從小學六年級加入學校的幼童軍之後，我就經常要到外地參加各種露營活動，國二時還曾參加在走馬瀨農場舉辦的全國大露營，全國的童軍團及童子軍都來共襄盛舉。雖然連續七天在外露營沒有回家，卻也造就了我獨立的個性。

現在自己有了小孩，我也帶著他們到野外露營，用身體感受自然界的廣大、奧妙及趣味，例如在山上要求救或是救人時，由於中低海拔山區有很多姑婆芋，這時就可以用葉子做擴音器，只要把葉子捲成圓錐形，就像一個放送頭，從小孔這頭喊，聲音在裡面共振，便可以傳得更遠。有一回在苗栗露營，我做了兩個「放送頭」給小朋友玩，我自己則到山裡小徑健行，不一會兒就聽到女兒用放送頭大喊：「把拔……快回來吃飯，有高麗菜飯、燒酒雞，不快點回來吃，就要被我們吃掉囉……」我一聽到馬上趕回去，免得她把我的祕密抖出來。後來，全營地的人都知道我吃了燒酒雞……

➡ 步驟（或玩法）

1 選擇葉片長 60~70 公分的姑婆芋，葉柄留 15 公分當手把。

2 將葉片反折，使葉面在內，然後捲成圓錐狀。

3 用蔓藤固定住。

4 擴音器完成囉。

5 聽我高唱一曲吧！

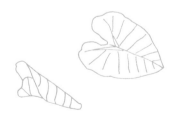

!!

姑婆芋

Alocasia macrorrhiza

(天南星科姑婆芋屬)

!!

❀ **哪裡找？**

一般公園、中低海拔山野常見。

❀ **長怎樣？**

天南星科植物，和海芋、芋頭是近親，
在台灣中低海拔山區很常見。

肉質莖約 1 公尺高，葉片心形，有些
葉片也有 1 公尺寬。以前很多魚販或
肉販都會用它的葉子來包裝魚肉，但
因塊莖和汁液都有微毒性，誤食會引
發中毒。用刀子或剪刀切下葉柄帶葉

片時，就不會碰觸到切口，就算碰了，
只要不把手放進嘴裡就不會有事，或
者可以將葉柄切口往地上沾一下砂子
當作絕緣體，這樣就不會碰到了。

❀ **何時可見？**

全年。

❀ **其他俗名？**

觀音蓮。

適玩年齡　4 歲以上

訓練項目　1. 藉中纏繞藤蔓，可訓練 專注力。

　　　　　2. 製作草球過程充分利用 手部小肌肉運動。

　　　　　3. 各種球類遊戲需要 平衡感。

　　　　　4. 透過投擲或踢球動作可加強 身體協調性。

　　　　　5. 遊戲需要 體力。

小花蔓澤蘭是最惡名昭彰的雜草之一，外國人用「一分鐘一英里雜草」來形容它生長的快速。它會不斷地攀緣及纏繞其他植物，使得它們因為曬不到太陽而死亡。此外，它的繁殖力很強，其莖蔓的每個節都可長出新芽，而且容易藉由風力傳播種子。由於很難徹底剷除，因而造成農業及生態上嚴重的危害。

有一次我正在拔小花蔓澤蘭，一條藤蔓拉起來變成一整片像漁網般互相纏繞的結構，而被它覆蓋的植物早已枯死。我把這些藤蔓隨手纏成團狀，兒子看到球就想要玩，索性把球纏得更扎實，這樣比較不會鬆散。在此建議大家可以多拔一些來做草球，如此也是對台灣生態盡一份心力。拔除時以藤蔓愈長的愈好，由於末端的莖葉較柔軟，接近根部的莖蔓則較具韌性，因此柔軟的莖葉可以做開頭的核心球體，較具韌性的部分則做後續的纏繞。接著用除去葉的老蔓五條纏繞，確保草球不易解體而且堅固，當然，這個動作需要幾次練習。

做出來的草球有多種用途，可以練習傳接球、當足球踢或棒球、高爾夫球及劈草球……等等。

1 準備好莖葉先做球，選擇較具韌性的
老莖為佳，莖愈長愈好。

2 將較末端柔軟的莖葉先纏成團狀。

3 利用具韌性的莖來包覆並固定球體，
大約需要 5 條莖蔓才能將球體包覆到緊實
不鬆散。

4 纏繞時將莖穿過原本的莖，穿過後往
左或往右轉 60 度，然後穿過其他的莖，
這樣才能固定住。

5 交錯縱橫的
莖要夠緊實才
耐用，最後一
段直接往中心
插入即可。纏繞
得愈好，草球就
會愈圓。

6 踢足球囉！

小花蔓澤蘭
Mikania micrantha
（菊科蔓澤蘭屬）

🌸 **哪裡找？**

一般公園、校園或路邊花圃常見。

🌸 **長怎樣？**

菊科蔓澤蘭屬藤本植物，一年生，莖蔓為草本或半木本。莖部細長且多分枝，呈匍匐或攀緣狀。

葉片為戟形。花期在 10 月至翌年 1 月。

🌸 **何時可見？**

全年。

🌸 **其他俗名？**

假澤蘭。

葉子記憶王

適玩年齡　**5** 歲以上

訓練項目　1. 遊戲過程可訓練 專注力 。

　　　　　2. 藉由葉子的不同形狀，有助於訓練 圖像記憶力 。

國中時，我被編在前段班，但台灣的教育制度一直讓我很痛苦。我非常不擅長背誦和記憶，必須很努力才能維持在班上的三名內，不是前三名，而是後面數來三名。在台灣的升學制度下，唯有考試並且得到高分，選填志願時才有選擇權。於是大家拚命背下每個老師說過的年分、地點、人物與事件，還要記得我從不曾踏上對岸那片土地每一個省的省會，就這樣被老師硬是灌輸了許多知識。

我們的教育目的是讓大家都成為一樣的人，而不是獨立思考的人。歐美國家的教育在每個階段都有其教育目標，讓孩子在學校教育中同時確立自己的性向，達到學以致用、學有所用，而不是讀完大學卻仍對人生方向毫無頭緒。無奈的是，即使不願意還是得背書和考試，既然免不了，何不換個方式背誦呢？如果用圖輔助，把眼睛當成照相機，把看到的影像印在腦海裡，一定會更容易記住。於是我用十片不同的葉子來測試小朋友，把葉子排成一列，要他們盯著葉子看並試著記住順序，三十秒後我把順序打亂，再讓他們排回原貌，結果小朋友都答對了。用圖輔助記憶果然很有效！

➡ 步驟（或玩法）

1 準備 10 種不同的葉片，排成一列。

2 用相機拍下葉子的排列位置。

3 將所有葉片集中並打亂。

4 憑著記憶將葉子排回原來的順序。

5 核對手機拍攝畫面，記憶大考驗挑戰
成功！

延伸遊戲：記憶術進階版

前一頁的葉子圖像記憶法是不是很容易呢？利用這些葉子還能有難度更高的進階玩法喔，你可以將葉子改以九宮格圖形或正擺、橫擺方式，和孩子們一起挑戰記憶力！

➡ 步驟（或玩法）

1 準備9片大花鬼針草或其他植物的葉片，可排成九宮格、或直或橫、或正或反。

2 用手機拍下圖像後，利用30秒記憶葉子的排列方式。答對了嗎？

轉轉跳跳

【暈頭轉向遊戲】

- **適玩年齡** 5 歲以上
- **訓練項目** 1. 遊戲過程可訓練 平衡感。
- **注意事項** 由於斷掉樹枝有刺，砍掉分枝需要力道，樹枝的砍削動作要由大人執行。

【跳木馬遊戲】

- **適玩年齡** 3 歲以上
- **訓練項目** 1. 藉由跳動可訓練 平衡感。
  - 2. 抓握動作能充分利用 小肌肉。

暈頭轉向遊戲

有點年紀的男人都會記得一九八六年的電影《捍衛戰士》（*Top Gun*），主角湯姆・克魯斯在駕駛戰鬥機時的游刃有餘和桀傲不羈，讓所有男人對戰鬥機飛行員能操控地球最具速度和力量的先端科技工作醉心不已，但是帥氣的背後然需要經歷嚴格的篩選和訓練，最基本的體能測驗便是 G 力。

所謂 G 力就是重力加速度，例如一輛超級跑車約可產生 1G，意思就是 50 公斤的人可承受 50 公斤的壓力。然而，戰鬥機飛行員必須負荷達 9G 的壓力，並且能在如此壓力之下精準地操縱飛機在空中翻滾盤旋。對一般人來說，所能承受的極限大概是遊樂園裡的雲霄飛車，差不多 4G，超過這個極限就可能造成視線模糊，甚至喪失意識。可見戰鬥機飛行員都不是人，喔不，我的意思是他們不是正常人。

想要體驗暈頭轉向的感覺既不用當飛行員、也不必坐雲霄飛車，只要一根及胸的銀合歡樹枝就行了。這根銀合歡枝愈直愈好，直徑要有三公分以上，而且不要有分枝。可以找一根電線桿或一棵樹當終點，在離終點十步的距離，參賽者將樹枝直立地上，兩手放在樹枝上端，額頭靠在手上，臉朝下，接著以樹枝為中心開始原地旋轉八圈或自行約定的圈數，轉完圈後趕快跑去觸摸終點，最短時間到終點的人就獲勝。

➡ 步驟（或玩法）

1 找一根直挺挺的銀合歡樹枝，鋸成 1 公尺長。

2 把所有的分枝都鋸掉。

3 選擇一處空地開始玩遊戲。

4 把樹枝立在地上，雙手放樹枝上端，額頭靠在手上，開始轉圈圈。

5 轉 8 圈後跑到指定的電線桿或牆壁，看誰最快完成任務。

6 終於到了，頭好暈啊！

跳木馬遊戲

兒子超愛看美國夢工廠的電影《小馬王》，百看不膩。為了一解他愛馬的癮，決定做一匹馬給他，用同樣的銀合歡也能做出木馬喔。

首先取主幹的分枝處，主幹部位留下三十公分做馬頭，分枝部位則留下一百公分做馬身，接著將馬頭用壓克力顏料畫上眼睛和嘴巴，就完成獨一無二的可愛木馬了。

兒子看了好喜歡，還說要騎去幼兒園上課呢！

 步驟（或玩法）

1 取下銀合歡的分枝，以主幹做馬頭，分枝則為身體。

2 用顏料替馬頭彩繪一下。

3 可愛且獨一無二的木馬就完成囉。

4 賽馬即將開跑！

銀合歡
Leucaena leucocephala

（豆科銀合歡屬）

🌸 哪裡找？
一般公園、校園或路邊花圃常見。

🌸 長怎樣？
豆科落葉小喬木，全台平地可見。二回羽狀複葉，春至夏開花，白色頭狀花序，花期後可結豆莢。

早期用嫩葉做牛飼料，枝條做薪材。耐旱、耐貧瘠，十分強健，會排斥其他植物生長，被國際自然保育聯盟列為世界一百大嚴重危害生態的外來入侵種之一，在台灣已成野生狀態。

🌸 何時可見？
全年。

🌸 其他俗名？
白相思子。

疊疊樂

yzl

適玩年齡　5 歲以上

訓練項目　1. 藉由堆疊動作可訓練 專注力 。

2. 遊戲過程需要 腕力 。

3. 抓握木頭能強化 手部小肌肉運動 。

後山有一群羊，就放牧在登山步道邊，登山運動的人常常可以近距離接觸這些羊。山上有很多牧草和構樹，以前的人稱構樹為鹿仔樹，因為他們都用構樹葉片來餵鹿，不只鹿愛吃，羊也愛吃。我曾看過羊隻為了吃構樹葉片而攀在懸崖邊，腳下石頭一鬆動，羊也跟著落下山坡，所幸沒有受傷，實在驚險。還有幾棵構樹因為被羊吃得精光，來不及長葉子就死了。

我看它的樹幹通直，雖然不是好木料，卻可以做玩具，像是把樹幹鋸成一個個小塊就可以玩疊疊樂。疊疊樂是一種普遍的童玩，可以自行製作，只要鋸下十幾塊長度和直徑相當的木塊，兩人一組比賽，一人放一塊，慢慢往上疊，把木塊弄倒的人就輸了。不過有時為了讓對手失敗，通常會故意把木塊疊歪，讓對手不容易往上疊。

1 準備直徑約 3~5 公分的樹枝和鋸子。

2 將樹枝鋸成一段一段，至少需要準備 15 段。

3 兩人相互競賽，一人拿一塊堆疊，誰弄倒，誰就輸了。

延伸遊戲 1：抽疊疊樂墊子

一樣的疊疊樂還可以有別的玩法喔。準備好一張紙板放在疊疊樂下面，上頭大約放置四、五塊木頭。試試快速抽出紙板，看看誰能木塊倒下最少就算勝出。

步驟（或玩法）

1 準備一張紙板墊在木塊下方。

2 用力抽出紙板，木塊倒最少的就贏了。

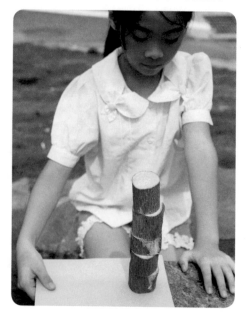

延伸遊戲 2：打木塊

這是一個訓練敏捷度的遊戲。準備四塊寬度在十公分以上的扁木塊，鋸木塊的時候盡量保持切面平整，並且盡可能使單一木塊的整體厚度維持一致。

遊戲的時候先將木塊疊好，可以挑選下面三塊的任何一塊來打，訣竅是一開始施小力輕敲，讓被敲木塊移動到接近傾倒邊緣時，最後再用較大的力道敲才能成功。木塊擺放的方向會影響成敗，至於該如何擺放最容易成功，就留給玩家仔細「推敲」了。

⊙ 步驟（或玩法）

1 準備扁形的木塊 4 塊。

2 輕敲下面三塊中的任一塊，敲邊緣時再用較大力量敲，試試看能不能順利敲出那塊木頭。

構樹

Broussonetia papyrifera

（桑科構樹屬）

🌸 **哪裡找？**

一般公園、校園或路邊花圃常見。

🌸 **長怎樣？**

遍布全台平地，是很常見的樹種。

株高可達 20 公尺，葉片形狀變化很大，從深裂到心形都有，葉面粗糙，雌雄異株。

早期是具有多用途的經濟作物，嫩枝葉是水鹿、梅花鹿和羊的食物。

聚合果為橘色，甜甜的可以食用。

🌸 **何時可見？**

全年。

🌸 **其他俗名？**

鹿仔樹。

植物遊戲
真是有趣
又好玩！

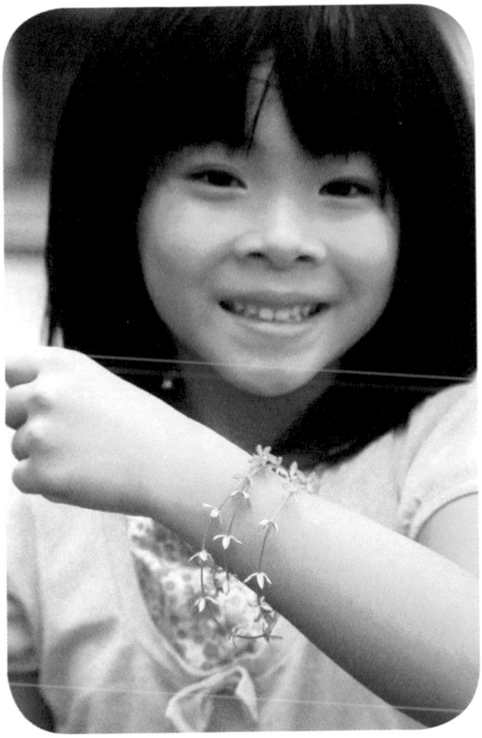

園藝達人的 50 個親子植物遊戲

作者 / 林雨澤

主編 / 林孜懃　執行編輯 / 陳懿文　美術設計 / 羅心梅
行銷企劃 / 金多誠、鍾曼靈
出版一部總編輯暨總監 / 王明雪

發行人 / 王榮文
出版發行 / 遠流出版事業股份有限公司
地址：台北市南昌路 2 段 81 號 6 樓
郵撥：0189456-1
電話：（02）2392-6899　傳眞：（02）2392-6658
著作權顧問 / 蕭雄淋律師
輸出印刷 / 中原造像股份有限公司
2016 年 6 月 1 日 初版一刷

定價 / 新台幣 320 元（缺頁或破損的書，請寄回更換）
有著作權 · 侵害必究　Printed in Taiwan
ISBN 978-957-32-7837-5

國家圖書館出版品預行編目 (CIP) 資料

園藝達人的 50 個親子植物遊戲 / 林雨澤
著 . -- 初版 . -- 臺北市 : 遠流 , 2016.06
　面 ;　公分
ISBN 978-957-32-7837-5(平裝)

1. 植物　　2. 親子遊戲

370　　　　　　　　　105007990